蜂群衰退原因及防控

吴艳艳　刁青云　主编

中国农业出版社

内容提要

本书系统介绍了蜜蜂蜂群衰退的发生背景、历史上的蜂群消失事件及蜂群衰退的危害。分析了蜂群衰退的原因，如蜂螨、病毒微孢子虫，以及蜂群营养不良、遗传多样性降低、杀虫剂等，并提出了减缓蜂群衰退影响的措施。本书可以为广大养蜂者和养蜂爱好者提供重要的病敌害防治参考，以保证蜜蜂健康养殖。

主　编　吴艳艳　刁青云

编著者　（按姓名拼音顺序排列）

代平礼　刁青云　高　晶　侯春生

贾慧茹　李　芸　刘永军　罗其花

王　强　王　星　吴艳艳　徐　娜

袁春颖　扎　罗　张文秋　赵红霞

周　军

前　言

养蜂业对生态、经济和社会等领域的贡献巨大。而近年来，世界多国出现大范围的蜂群衰退现象，因尚无有效应对措施而成为阻碍当今养蜂业健康持续发展的难题之一。导致蜂群衰退的诱因有很多种，较为公认的观点是蜜蜂病虫害、人为因素及杀虫剂等多个因素协同作用引起蜂群的衰退。蜂群衰竭失调现象是蜂群衰退的极端案例，也是养蜂界一直以来的研究热点；对蜂群衰竭失调现象诱因的不断探求也为了解蜂群衰退的原因提供了有价值的、最相关的和丰富的参考依据。

我国是世界蜂群数量第一的养蜂大国，近年来蜜蜂死亡和蜂群损失在全国各地均有不同程度发生，考虑到引起该现象的综合因素中有很多传染性和暴发性因素存在，因而为避免蜂群的巨大损失，我国蜂业相关从业者更应该充分了解蜂群衰退的概况、原因和可能的预防措施，并及早制订应急预案，做到未雨绸缪。因而，本书作者搜集了以往出现的蜂群衰退现象及新出现的蜂群衰竭失调现象的资料，整理了国内外同行的试验结果和结论，借鉴了其他国家应对该现象所采取的政策法规，连同本书多位编著者在环境有毒有害物对蜜蜂健康影响方面所获得的试验结论，对我国应采取的措施进行了分析和思考；本书从背景、历史上的蜂群消失事件、蜂群衰退的原因和减缓蜂群衰退影响的措施制订等方面对蜂群衰退现象进行了阐述。

本书力求利用通俗易懂的语言进行表述，为我国蜂业相关部门和广大蜂友提供了蜂群衰退现象的理论知识。由于时间仓促及编者水平有限，另有部分资料和数据由外文文献编译而来，其中涉及较多专业知识和专业术语，因此，本书中一定会有许多表述不准确之处，恳请读者予以批评指正。

目　　录

第一章　概　述

蜜蜂的特有的身体构造和生理特征使它们成为自然界的传粉者和合作型的社会性昆虫。在生态环境中，它们的作用是促进授粉，从而使植物生长，结出果实和种子，为其他动物提供营养。人类也依靠蜜蜂来获得蜂蜜、花粉和蜂蜡等蜂产品。了解蜜蜂所拥有的各种特质是揭示其为人类和生态系统服务的重要途径。

一、蜜蜂概况

（一）蜜蜂的自然史

古埃及人崇拜蜜蜂，认为蜜蜂是从埃及大地之神的眼泪中生长出来的。早在公元前 3 500 年，一个蜜蜂形状的象形文字就代表着埃及国王，这一象征持续了约 4 000 年。蜂蜜被公认为只能敬献给君主的贡品，蜂蜡则被用于制造神圣的雕像。同样，作为印度教主神之一的毗瑟挐把蜜蜂尊为“万物的创造者和破坏者，是支撑、掌控及创造宇宙起源和发展的必要元素”。在希腊神话中，蜂蜜是神的食物。无论在何种文明中，蜜蜂都被看作是一种让人们敬畏的生灵，同时蜂产品也被看作是一份礼物、一份祝福。

蜜蜂已经在地球上存在了大约 1 亿年，随着早期开花植物的进化，大约 3 500 万年前蜜蜂进化成为一个亚种。虽然不能依赖开花植物来记录蜜蜂的完整历史，但蜜蜂和开花植物之间存在的互惠互利关系是毋庸置疑的。目前，世界上约有 250 000 种开花植物中有 20 000 种左右需要依赖蜜蜂授粉。

全球绝大部分地域均分布有蜜蜂自然栖息地，从非洲和地中海地区一直延伸到欧洲北部和斯堪的纳维亚（半岛）南部。蜜蜂的多个亚种是由不同地区的特有气候条件进化而来。生活在山洞中的第一代智人就已经开始使用蜂蜜作为食物。公元前 2 400 年，埃及养蜂人就通过饲养蜂群来生产蜂蜜。蜜蜂养殖技术沿着海岸向西传播，到达了希腊和罗马等地，在那里蜜蜂养殖相关信息得到了更进一步的传播。人们可以在津巴布韦和南非地区找到一些图像资料，这些图像展示了当时猎人通过熏烟的方式来诱使蜜蜂从蜂巢中飞出，通过这种方式来捕获蜜蜂。蜂蜜狩猎可以追溯到 15 000～20 000 年前。通过以上历史资料可以看出蜜蜂与人类活动的密切联系。

（二）蜜蜂的身体构造和生活习性

蜜蜂有很多种类，但世界上绝大多数的人工驯养蜜蜂为西方蜜蜂，因此本书主要以西方蜜蜂为对象加以介绍。

蜜蜂是完美的传粉者。它们同时具备两种类型的眼睛，单眼和复眼。单眼共三只，每一只都布满了密集的“镜头”，用来探测光的强度，以帮助它们保持方向。复眼有两只，每只复眼上都“安装”有 6 900 个能够识别不同的光照条件、颜色和太阳位置的“六棱镜”。它们身体上的毛用来检测风速和风向，并利用对紫外线的敏感性来采集花粉和储藏蜂蜜。

蜜蜂的头顶有两根触角，用其探测气味。蜜蜂对鲜花、花蜜、蜂蜡和蜂胶味道的敏感度是人类的 100 倍。蜜蜂有一个折叠起来的舌头称为喙，可以让蜜蜂深入花中采集花蜜。蜜蜂下颚用来平整蜂蜡和收集蜂胶。下颚的功能还包括取食花粉、切割、清洗、梳理和战斗。脚上的钩子和爪垫用于抓住花瓣，并帮助它们在倒置的平面上行走。它们的前腿也配有挂钩用于清洁触角，中足用于收集蜂蜡。一旦分泌出蜂蜡，蜜蜂就会将它们由下颚传递到前腿，并用它们建造蜂房。当蜜蜂落在花朵上时，它们便会将花粉刷入花粉筐（花粉筐位于后腿），每次可以容纳 8mg 花粉。

蜜蜂通常会到同一种类的花上采集花粉数千次，直到花上无粉可采为止。一只工蜂平均每天要到 1 500 朵拥有充足花粉的花上进行花粉采集。为了生产约 5kg 蜂蜜，它们需要从 5 亿朵花中收集花蜜，飞行距离长达 1 100 万 km。

据 2006 年美国农业部农业统计服务处的报道，每个蜂群年产蜂蜜约 30kg，有些蜂群甚至可以生产约 100kg。蜂蜜产出量取决于蜂群的健康状况、饲料的质量以及开花植物的生长状况。

寻找食物的本能是蜜蜂授粉、采集花粉、分泌蜂蜡和酿蜜的关键所在。蜜蜂对方向十分敏感，它们利用太阳和地标作为参考物，可以到距蜂巢约 5km 以外甚至更远的地方寻找食物，并且不会随意与自己的蜂群失去联系。当蜜蜂发现食物时，它会回到自己的蜂群，并跳起“摇摆舞”来向蜂群中其他工蜂指明食物的方位。这种舞蹈通过摇晃腹部通知其他蜜蜂到达目标所需的飞行时间、风速以及与太阳的相对方向。如果舞蹈的时间很短，甚至不到 1s，那么蜂群与食物的距离就很近，如果舞蹈时间有数秒之久，那么蜂群距离食物要有 5min 以上的路程。在舞蹈过程中它们通过气味来提示食物的种类和数量。为将这些信息传递给更多工蜂，蜜蜂会多次重复“摇摆舞”。如果没有足够的工蜂去觅食，蜜蜂将进行“颤抖舞”来召集更多的工蜂。

蜜蜂到多种多样的花朵上采集花粉和花蜜，该项活动同时促成了蜜蜂授粉。它们在一次单程采集中会到很多相同种类的花朵上进行采蜜采粉，当到达某一朵花后，它们就用身上的毛刷下花粉并携带花粉粒到下一朵花。蜜蜂为全球 16%的开花植物和约 400 种农作物进行授粉。因蜜蜂授粉率很高，所以其采集行为对于开花植物是十分有益的；与此同时，花朵也为蜜蜂提供了花蜜和花粉作为食物，甚至有些植物专门进化出适合蜜蜂采集的构造。

二、蜂群组成和分工

蜜蜂是社会型昆虫，在蜂巢内不同类型的蜜蜂有着明确的劳动分工，这也是一个组织高效运作的基本要素。蜂群中有蜂王、雄蜂和工蜂。它们在蜂群中都有自己独特的分工。有的负责繁衍后代、有的负责搬运食物，有的负责清理蜂巢。蜜蜂经历卵、幼虫和蛹三个发育阶段后成为成年蜜蜂，雄蜂由未受精卵发育而成，而工蜂或蜂王由受精卵发育而成。

在蜂群中通常只有一个蜂王，它的作用主要是繁衍后代。其身体上长有占身体较大比例的卵巢，并携带蜂王信息素和一个不会伤人的刺，体型明显比其他的工蜂要大。它的主要工作是产卵，为蜂群补充新的成员。如果身体健康，并摄入足够的食物，那么每天蜂王会产 2 000 个左右的卵，其寿命可达 5～7 年。蜂王的另一个重要责任是分泌信息素来把整个蜂群凝聚在一起。蜜蜂通过辨认蜂王下颚腺体所分泌的蜂群气味来辨认自己的蜂群。如果某个蜜蜂幼虫被确定作为将来的蜂王，工蜂就会一直用蜂王浆来喂养它，蜂王浆是白色的富含大量蛋白质的营养物质，它会使蜂王成为“性功能十分成熟的生产工厂”。如果一个蜂王失去了生育能力，蜂群内很快就会培育出一个新的蜂王继承者。通常在夏季，一个蜂群中会出现多个蜂王，它们之间会通过竞争只留下一只作为该蜂群的蜂王，其他的蜂王会离开蜂巢。

西方蜜蜂的工蜂历时 21d 而后羽化出房。工蜂占整个蜂群蜜蜂数量的 99%，它们肩负有很多种工作职能，主要是采集花蜜、花粉、水和蜂胶。另外，工蜂身上长有营养腺、气味腺、蜡腺和一个花粉筐。幼龄工蜂的工作是清理蜂巢，使蜂巢正常通风，照顾还未化蛹的蜜蜂幼虫，接收青壮年蜂采集回来的花蜜和花粉，并把它们做成可供整群蜜蜂取用的蜂粮。有的工蜂会保卫蜂巢，守卫在巢门入口处。这些分工都是保证蜂巢整洁有序的必要工作。

雄蜂发育 24d 羽化出房。雄蜂在蜂群中个体较大，但是它们没有螯刺、花粉筐和蜡腺。它们的工作是在蜂王飞行的时候与之交配受精。为了让蜂王充分受精，这种交配会持续 3～7d，蜂王将储备足够多的能供其使用一生的精子来维持蜂群的蜜蜂数量。雄蜂在跟蜂王交配后便会因外生殖器及相连部位被拔离身体而死去。

作为一个关键物种，蜜蜂在生态系统中起着至关重要的作用。这些昆虫通过采集花粉而使植物授粉，它们和开花植物形成了巧妙的互惠互利关系。在生态系统中，这种互惠互利的行为通过这两个生物群体维持着环境中动植物的多样性。蜜蜂的大面积授粉行为可以将多种生态系统融合到一起。蜜蜂是特别容易受到环境变化影响的物种，环境中众多的病原体和毒物对这些传粉者带来诸多不利影响。由于它们的健康程度代表着环境的好坏，因而它们被认为是环境指示生物。另外，蜜蜂不仅生产蜂蜡和蜂蜜等蜂产品，还直接或间接的服务于人类 1/3 食品的来源。由此可以预见，如果蜜蜂的数量和蜂群衰退（Colony decline）现象持续下去，可能会给人类文明带来非常严重的后果。

第二章 历史上的蜂群消失事件

随着人类不断驯养蜜蜂并将蜂群在全球范围内转移，蜜蜂病原也随之扩散并威胁着世界范围内的蜂群。纵观历史，蜜蜂的失踪事件不定期的发生。全球范围内不断出现蜂群大面积消失现象。这些蜜蜂到底去哪里了呢？它们为什么会凭空消失？人们认为真菌、蜂螨和食物短缺等是导致蜜蜂大量消失的原因。第一次蜂群衰退现象出现在1891年的科罗拉多地区，1896年在该地区再次发生，这种现象当时被称作“五月传染病”。经调查发现，一种真菌黄曲霉是科罗拉多蜂群衰退的罪魁祸首。黄曲霉导致蜜蜂患黄曲霉病，该真菌对于蜜蜂幼虫、蛹和成年蜜蜂都是一种威胁。因为成年蜜蜂也会受到影响，所以对于健康的蜜蜂来说，想要通过将受感染的蜜蜂清离出蜂巢来减少病菌的传播是很难行得通的。另外在1905—1919年，英国怀特岛上也出现过蜂群消失现象，90%的蜜蜂死亡，死亡原因仍然在争议之中。2008年，英国出现“玛丽·赛勒斯特病”（Mary celeste）；另有用“蜜蜂秋季下降”（Fall dwindle disease，秋衰）、“蜜蜂春季下降”（Spring dwindle，春衰）、“五月病”（May disease）和“秋季衰竭”（Autumn collapse）等名称命名的蜂群消失事件。

蜜蜂原产地不在美国，是欧洲人于1621年越过大西洋将意大利蜜蜂（*Apis mellifera*，简称意蜂）首次引入到北美地区。大量欧洲移民者到来，并在此种下各种农作物和树苗，然后利用蜜蜂对这些农作物和树苗进行授粉。在蜜蜂授粉的作用下三叶草等植物数量增加，这些植物被用来喂养牲畜。移民者带着蜜蜂继续跨越平原和山地，不断扩大蜜蜂的饲养规模，直至 1730 年，仅美国弗吉尼亚地区就可以出口约 156 000kg 蜂蜡。随着养蜂业的不断发展，19 世纪的养蜂业创造出许多专业养殖设备，包括熏烟器、巢框、巢础和分蜜机，这使得养蜂业更加商业化。2006 年，一位居住在美国佛罗里达州名叫大卫·哈肯伯格的养蜂商人提出了我们现在所说的蜜蜂蜂群衰竭失调（Colony collapse disorder，CCD）现象。他起初被认为是一个拙劣的养蜂人（因其蜂群出现大量失踪现象），但是当 1/3 的蜜蜂从美国土地上消失的时候，人们开始关注他的理论。养蜂人哈肯伯格损失了 2 000 群蜂，而他之前共有 2 950 群蜂。越来越多的养蜂人损失了近 95%的蜂群，在 2007 年，美国有 22 个州报道了蜂群衰竭失调现象，到 2008 年已有 35 个州报道蜂群衰竭失调现象。持续扩大的蜜蜂失踪现象正在使蜂群衰竭失调现象成为养蜂业一个紧迫的问题。这种蜜蜂数量减少现象现在已被视为一场危机，成为一个非常重要的讨论话题。尽管科研人员和养蜂人始终想找出蜜蜂消失的真正原因，但仍没有确定的单一因素。然而，如果这种失调现象不能尽快被制止，蜜蜂继续消失将严重影响当地的农作物产出，同时也会严重影响到畜牧业、经济和环境系统。

一、蜂群衰竭综合征简介

（一）CCD 的命名

从 2006 年 10 月至 2007 年 2 月，美国继东海岸之后，西海岸也发生蜂群骤减现象，比以往损失更为严重，而且症状不同，因而为区别以往情况定义新名称为蜂群衰竭失调现象或蜂群衰竭综合征。此前，世界各地均发现过类似 CCD 的情况，并且曾经冠以不同的名称。

（二）CCD的症状

CCD出现的症状与以往蜂群损失的情形差异大，主要症状包括：①蜂箱内成年工蜂骤减，蜂群内无足够的工蜂饲喂和照顾幼虫，蜂箱内部和周边极少发现或无死亡蜜蜂；②蜂箱内主要留有未成年工蜂和（封盖）幼虫，少量蜜蜂伴随蜂王；③蜂箱中存有蜜蜂和花粉（未受到盗蜂和虫害影响）；④蜂王仍在巢内；⑤巢内蜜蜂停止酿造蜂蜜和其他工作，并不愿进食人工饲料。

（三）CCD与以往蜂群损失的差异

20世纪90年代至2006年年底前，美国蜂群每年损失率17%～20%，主要损失原因是由寄生虫（如狄斯瓦螨 *Varroa destructor* 和武氏蜂盾螨 *Acarapis woodi*），病原微生物（如美洲幼虫腐臭病病原蜂房芽孢杆菌 *Paenibacillus larvae*）和管理不当等因素造成的，原因可以通过检测做出诊断，并有针对性的防治措施。

出现CCD现象蜂群的成年工蜂不顾蜂王和未成年蜜蜂及幼虫，飞离后不返回蜂巢进而消失。这与蜜蜂与生俱来的社会性，以蜂巢为生活中心的原则相背离，是极为异常的现象。CCD与以往蜂群损失的差异见表1。

表1　CCD与以往蜂群损失的差异情况

项　　目	CCD蜂群症状	以往损失症状
患病蜜蜂或尸体	消失，未返回蜂巢；蜂箱内部和周边未发现或数量极少	大量遍及蜂箱周边，有时也分布于蜂箱内部
损失速度	快（几天或者数周）	明显较CCD慢（除急性中毒外）

（续）

项　　目	CCD蜂群症状	以往损失症状
损失蜂群数量	数量巨大（30%～90%）	明显少于CCD（17%～20%）
引发原因	尚无定论	通常有明确的诊断结果
防治措施	尚无针对性强的解决方法	针对不同病症，有相应的防治手段

（四）CCD在美国的发生情况

2006年年底，美国蜂农报告发生蜂群异常骤降现象（CCD），蜂群减少率为30%～90%。在美国由于损失估计是基于对养蜂人的电话调查，因此蜂群衰竭失调的影响很难估量。根据美国蜜蜂检疫局和美国农业部估计，蜜蜂在2006—2007年秋冬季和2007—2008年秋冬季分别有31%（也有数据指出为45%）和36%的蜜蜂消失。2009—2010年，损失约为34%。2010—2011年，损失约为30%，虽然有下降趋势，但仍较以往损失率严重。大量报道指出，CCD现象是2006—2007年和2007—2008年蜜蜂大面积消失的根源。美国蜜蜂检疫局和美国农业部在2008—2009年冬季做了一个类似的调查，这项调查中表明有28.6%的物种消失，其中蜜蜂占了20%以上。在2008—2009年养蜂人的调查报告中显示，蜂王的消失比率更高，这些损失和蜂螨的数量等级有关。

（五）CCD在加拿大的发生情况

2008—2009年冬季，加拿大蜂群越冬损失率为33.3%以上，是正常死亡率的2倍多，与2007—2008年同期水平相当。自狄斯瓦螨传入加拿大以来，蜂群越冬的正常死亡率为15%。然而，2009年经过冬春两季后，蜂群死亡率为33.9%，是正常蜂群死亡的2.3倍，与2007—2008年35%的越冬死亡率接近，高于

2006—2007 年 29%的死亡率。连续几年的蜂群损失率都高于平均水平，导致蜂蜜产量下滑，可供授粉的蜂群短缺。到 2009 年春季，加拿大几个省份遭受的损失甚至达到 40%，但也有一些在室内越冬的蜂群受害较轻，在 20%左右。

（六）CCD 在欧洲和其他地区的发生情况

比利时、法国、荷兰、希腊、意大利、葡萄牙和西班牙也出现过个别 CCD 事件，其中瑞士和德国最早发现。中东、亚洲（如日本和印度）和南美洲的巴西也有发生。我国台湾地区于 2007 年 4 月亦有疑似 CCD 个案发生。除台湾地区，我国其他地区未见严重的具有典型 CCD 症状的报道。

（七）CCD 一直在持续

CCD 仍在持续，现波及地区已从北美洲发展到欧洲和亚洲等地，从 2006 年末至今仍未停止，由于尚无有效的应对措施，因此损失仍无法预计。如长期无应对策略，CCD 将会引起“授粉危机”，从而影响农作物产量和生态平衡，还会波及食品、工业和医药等领域。

二、蜂群衰退的危害

目前，世界范围内出现不同程度的蜂群衰退现象，主要表现为蜂群数量下降和蜂群患病率增高。如果蜂群衰退现象继续恶化，将会给经济、生态环境和社会带来巨大的影响。随着生态系统的持续受损，人类的健康和生计将会受到严重的影响。

（一）经济影响

根据美国蜂群衰退指导委员会的报道，蜜蜂创造的经济价值是 150 亿美元。如果蜂群衰退继续恶化，将会给美国经济带来各种直接或间接的影响。蜜蜂数量大面积下降将迫使美国不得不去依赖那些未发生蜜蜂大面积失踪的国家来进口食品。这意味着水果、蔬菜、肉类产品、咖啡、茶和该国所需要的一些食物从其他国家进口的比例会大幅提高。提升食品价格和贸易赤字，再加上农业部门的大幅裁员，将进一步削弱美国经济。最后，如果不及时采取措施来更好的调查研究和缓解蜂群衰退的影响，那么在不久的将来可能有一场巨大的自然灾害和经济大萧条的发生。

蜂群衰竭失调的影响是一个紧迫问题。从小的层面看，养蜂人的生计取决于蜜蜂供给的蜂产品售卖所得的收入和蜜蜂作为授粉者而被租售给农场的收入。在短短一个冬天有30%～90%的蜜蜂消失，养蜂人没有足够数量的蜂群来维持自己的收入。从大环境看，种植业是受蜂群衰退影响最为严重的领域。以美国为例，其1/3以上的农作物需要依赖蜜蜂授粉，CCD现象使农作物授粉的概率减少，农业产出量因而受到波及。长此以往，农作物不断减产，最终可能出现大规模的食物短缺。其次，畜牧业也受到影响。因大批蜜蜂失踪后，牧草失去传播花粉的蜜蜂媒介，因而以牧草为粮的家畜受到不利影响。此外，直接受影响的还有蜂产品产量，尤其是蜂蜜的产量；蜂蜜产量降低会导致蜂产品价格上涨，进而影响蜂产品的下游产业，包括食品、医药和化工等领域。

随着每年50%甚至更多的蜂群数量的减少，商业养蜂领域的竞争也越来越剧烈。如果损失继续增长，那么蜜蜂的管理成本要提高，随之而来的蜂群租赁价格也会提高。租赁价格的上升会给很多农业工程带来巨大的影响，比如依赖于蜂群的加利福尼亚州巴旦木（扁桃）种植户要支付20亿美元来维持生产。随着生产成本的增加和授粉蜂群的减少，农民被迫减少租赁蜂群或放弃农场。因成本高昂而又无政府补贴，小农户面临的不利影响更加严重。同时，由于家畜需要的三叶草和其他一些需要传粉的作物产量下降，奶制品和牛肉产量也将受到严重影响。

蜂群衰竭失调导致当地蜜蜂大量失踪，当地的作物也将随之消失。这将导致来自国外的蜜蜂和食品进口量的大量增加。如果美国被迫进口更多的食物，物价也要比现在高，美国面临贸易赤字的现象会更严重。例如，美国的杏仁提供量占全球的80%，巴旦木主要依赖蜜蜂授粉。如果蜜蜂大量消失，会导致生产杏仁的果园面临破产的危险。随着授粉成本的增加，美国农作物成本也会随之增加，进而导致消费能力降低。例如，科罗拉多西部山坡上的苹果园被迫使用进口蜜蜂来授粉（高需求服务），导致内部生产成本上升——这种成本的增加最终将被传递给消费者。另外，进口蜜蜂会引入新的病虫害，带来新的风险。

农业授粉服务支撑着整个农业系统，如果不及时对蜂群衰退现象采取行动，那么将给整个国家带来严重的损失。如果希望从自然界获得收益，经济学家必须深入思考，将蜜蜂服务对环境改善的促进作用表现出来。

（二）生态影响

作为拥有关键物种和环境指示物种双重身份的蜜蜂，不但承担了服务庞大生态系统的职责，同时也显示着它们周边环境的好坏程度。若发现大量蜜蜂死亡的现象，则表明有一个极其不平衡的环境问题需要解决。通过对蜂蜜、蜂蜡和蜜蜂本身的分析，有助于更好地了解环境中农药等毒物的扩散程度。研究表明，放射性核素污染和重金属污染都可以使用蜜蜂来监控。这些昆虫和环境拥有的密切关系使其成为污染指示器。蜜蜂的这种能力对人类十分重要，因为和蜜蜂一样，人类也需要一个来维持生存的健康生活环境。

通过提供授粉促使不同种类的植物能够繁殖来维持基因多样性是蜜蜂促进生态系统多样性的一种功能。生物多样性对于生态系统是非常重要的，因为它允许不同植物之间的相互竞争和自然选择，从而减少患病风险和削弱病原体。这些植物也为动物提供了庇护所并且提供它们所需的果实和种子。如果失去了像蜜蜂这样的授粉者，那么整个生态系统可能面临巨大的威胁。

（三）社会影响

如果蜂群衰退现象继续恶化并且依赖于传粉的作物不断减少，将导致严重的社会性问题。这将迫使中低产阶级家庭不得不在食品消费上支付比之前多 3～4 倍的费用。除了多年通货膨胀和物价上涨（包括石油、电力和医疗保险等）因素，食品价格的增长势必会严重影响人们的营养获取量。如果一个家庭长期缺少营养食物，那么就会出现健康问题，相应病症会进一步增加，医疗服务支出也会不断上升。

除了上面描述的影响外，蜂群衰退现象也会影响养蜂人和农民的生计。养殖业及农业生产都将受阻或停滞。影响也会贯穿整个食品行业系统。杂货店和餐馆将不断涨价，粮食作物变得稀缺，消费群体减少。

蜜蜂能为多种多样的开花植物授粉，能维护生态多样性和为人类提供有价值的商品。如果蜜蜂不存在，生态、农业和经济都将面临巨大的损失。因此，我们叙述蜂群衰退的影响，以此来激发人们保护蜜蜂的意识和预防该危害进一步的恶化。

第三章　蜂群衰退的原因

蜂群衰竭失调对环境具有显著的影响，并且将给自然生态系统和人类社会带来危害，该问题的重要性不可小觑。研究教育机构需要进一步加强有关蜜蜂对人类和自然界重要作用的研究。对于我们来说，蜜蜂既是一个独立的物种，也是维持生态平衡的合作伙伴，因而政府和相关部门也要拿出相应的政策和方法来保护它们。每年美国农业种植依赖于蜜蜂授粉的经济价值相当于150亿美元，对于全世界的贡献相当于2 150亿美元；因而，需更加关注因蜂群衰竭失调而带来的危机。

CCD是一种工蜂突然从蜂巢消失的现象。至今还没有一个确切的结论来解释为什么看似健康的蜜蜂会凭空消失。科学家们使用各种方法来评估蜜蜂衰竭失调的现象，试图找出其中的根源。由于发生CCD的蜂群出现工蜂消失现象，即很难获得死亡或患病的工蜂样本，因而使CCD病因分析困难重重。近来有很多围绕着蜂群衰退现象所提出的理论，自然因素包括各种寄生虫和病原体，如真菌、病毒和蜂螨，所有这些都会对蜜蜂造成极大的危害。一些最有可能导致衰竭的人为因素包括：滥用杀虫剂、商业化作物授粉（长途运蜂）、劣质的饲料、使用有限的遗传变异精子来给蜂王人工授精，还有对蜜蜂生活栖息地的破坏。甚至有人认为手机使用量的增加可能影响了蜜蜂的免疫系统或者说是干扰了它们的导航能力。以往CCD引发原因是单一还是综合因素并不能确定，随着研究的深入，近年来已形成较为一致的观点，即CCD或蜂群衰退是由多种因素综合作用引起的，即所谓

“综合征”。普遍认为多种因素首先引起蜜蜂免疫缺陷（Immunodeficiency），而使蜜蜂对病虫害或其他不利因素抵抗力下降，因此更易感染其他病害，并最终引发 CCD 或蜂群衰退。虽然很多原因尚存争议，但是被广泛认同的原因有蜜蜂病虫害、杀虫剂和化学制剂以及营养不良等因素。

蜂群衰退的极端事件是 CCD，蜂群衰退和 CCD 的原因大多数是相同或相近的。因近年业界对 CCD 的广泛关注，使得 CCD 诱因报道较为集中和深入。本章将带领大家一起来了解蜜蜂失踪背后的原因，着力分析 CCD 诱因，以期为蜂群衰退原因的研究提供借鉴和参考。

一、蜂　　螨

蜂螨是一类对世界养蜂业危害巨大的蜜蜂寄生虫，是蜜蜂最主要的害虫。中国西方蜜蜂蜂群中，100%感染狄斯瓦螨（*Varroa destructor*），95%感染小蜂螨（*Tropilaelaps* spp.）。有 100 多种与蜜蜂有关的螨，其中大多数对蜜蜂没有危害。这些螨大体可分为 4 类，即食腐螨、捕食性螨、携播螨和蜜蜂寄生螨。根据蜂群中蜂螨对蜜蜂的危害程度，可将蜂螨分为非寄生性螨和寄生性螨 2 类。

（一）寄生性蜂螨

迄今为止，全世界发现并报道的蜜蜂外寄生螨主要有 12 种，分别来自于节肢动物门，蛛形纲，蜱螨亚纲，寄螨总目，中气门目，皮刺螨总科的瓦螨科、厉螨科和蜂盾螨亚科。

1. 瓦螨科（Varroidae）　包括瓦螨属和真瓦螨属。

（1）瓦螨属（*Varroa*）　主要包括雅氏瓦螨（*V. jacobsoni*）、狄斯瓦螨（*V. destructor*）、恩氏瓦螨（*V. underwoodi*）和林氏瓦螨（*V. rindereri*）。

（2）真瓦螨属（*Euvarroa*） 主要包括欣氏真瓦螨（*E. sinhai*）和旺氏真瓦螨（*E. wongsirii*）。

2. 厉螨科（Laelapidae） 包括热厉螨属和新曲厉螨属。

（1）热厉螨属（*Tropilaelaps*） 主要包括亮热厉螨（*T. clareae*）、柯氏热厉螨（*T. koenigerum*）、梅氏热厉螨（*T. mercedesae*）和泰氏热厉螨（*T. thaii*）。

（2）新曲厉螨属（*Neocypholaelaelaps*） 主要有印度新曲厉螨（*N. indica*）。

3. 蜂盾螨亚科（Acarapinae） 对蜜蜂造成危害的是该亚科的蜂盾螨属（*Acarapis*），主要包括武氏蜂盾螨（*A. woodi*）、背蜂盾螨（*A. dorsalis*）、外蜂盾螨（*A. externus*）和游离蜂盾螨（*A. vagans*）。

目前还发现，有一些寄生性螨仅寄生于非洲类型的西方蜜蜂种群，而且人们对其了解甚少。大部分寄生于蜜蜂科的蜂螨都已经被描述过，但是也有很多近年来才被发现或重新界定的蜂螨，它们与寄主的寄生关系总结见表 2。

表 2　蜂螨及其寄主蜜蜂

蜂种名称	蜂螨种类
黑小蜜蜂 *A. andreniformis*	欣氏真瓦螨 *E. sinhai*
	旺氏真瓦螨 *E. wongsirii**
东方蜜蜂 *A. cerana*	亮热厉螨 *T. clareae*
	雅氏瓦螨 *V. jacobsoni**
	狄斯瓦螨 *V. destructor**
	恩氏瓦螨 *V. underwoodi**
大蜜蜂 *A. dorsata*	亮热厉螨 *T. clareae**
	梅氏热厉螨 *T. mercedesae**
	柯氏热厉螨 *T. koenigerum**

（续）

蜂种名称	蜂螨种类
小蜜蜂 *A. florea*	欣氏真瓦螨 *E. sinhai* *
	梅氏热厉螨 *T. mercedesae*
	亮热厉螨 *T. clareae*
沙巴蜂 *A. koschevnikovi*	林氏瓦螨 *V. rindereri* *
	雅氏瓦螨 *V. jacobsoni*
黑大蜜蜂 *A. laboriosa*	梅氏热厉螨 *T. mercedesae*
	泰氏热厉螨 *T. thaii* *
	亮热厉螨 *T. clareae*
	柯氏热厉螨 *T. koenigerum*
西方蜜蜂 *A. mellifera*	狄斯瓦螨 *V. destructor*
	欣氏真瓦螨 *E. sinhai*
	蜂盾螨属 *Acarapis*
	梅氏热厉螨 *T. mercedesae*
	亮热厉螨 *T. clareae*
苏拉威西蜂 *A. nigrocincta*	恩氏瓦螨 *V. underwoodi*
绿努蜂 *A. nuluensis*	雅氏瓦螨 *V. jacobsoni*
	恩氏瓦螨 *V. underwoodi*

* 为原寄生物。

普塔吞达和库乃格等记录了蜜蜂的营巢特点与寄生螨种类的关系。营巢于灌木丛、单一巢脾的小蜜蜂及黑小蜜蜂通常会被真瓦螨属（*Euvarroa* spp.）寄生；在树干（或岩石）上、营单一巢脾的大蜜蜂及黑大蜜蜂通常会被热厉螨属寄生；而在洞穴中或树干营复巢脾的东方蜜蜂、西方蜜蜂和沙巴蜂通常会被瓦螨属寄生。对世界蜂业造成严重危害的是狄斯瓦螨、梅氏热厉螨和武氏蜂盾螨。在中国已发现的外寄生螨有狄斯瓦螨、梅氏热厉螨、恩氏瓦螨、欣氏真瓦螨以及印度新曲厉螨（携播螨）。

（二）狄斯瓦螨

1. 分布及类型 狄斯瓦螨过去俗称“大蜂螨”，2000 年重新命名之前，它一直被称为雅氏瓦螨。2000 年初，安德森等对采自世界各国的大量蜂螨样本进行研究后发现：原被归入雅氏瓦螨的寄生螨，应分为 2 个种，一个是新界定的雅氏瓦螨，主要分布在印度尼西亚和马来西亚，已发现 9 个基因型，它们只在东方蜜蜂雄蜂房内繁殖，并不对西方蜜蜂造成危害；另一个是新命名的狄斯瓦螨，广泛分布于东方蜜蜂、西方蜜蜂上，已发现 11 个基因型。危害全世界西方蜜蜂的是狄斯瓦螨的朝鲜基因型和日本/泰国基因型，这 2 个基因型在东方蜜蜂的雄蜂房以及西方蜜蜂的雄蜂房和工蜂房都可以正常繁殖。其中狄斯瓦螨的朝鲜基因型分布广泛，危害欧洲、非洲、亚洲、美洲和新西兰的西方蜜蜂，日本/泰国基因型只分布于日本、泰国和南北美洲。而狄斯瓦螨的其他基因型只能在东方蜜蜂雄蜂房中繁殖，不能在西方蜜蜂工蜂房、雄蜂房和东方蜜蜂的工蜂房内繁殖。

狄斯瓦螨的原始寄主是东方蜜蜂，在长期协同进化过程中，已与寄主形成了相互适应关系，在一般情况下其寄生率很低，危害也不明显。瓦螨最先在爪哇岛（位于印度尼西亚）被发现，当时瓦螨仅限于东南亚地区，主要侵害对象是亚洲蜜蜂。直到 20 世纪初，西方蜜蜂引入亚洲，瓦螨通过商业运输的方式逐渐转移到西方蜜蜂群体内寄生，在世界范围内传播并造成严重危害，才引起人们的高度重视。1952 年苏联首次报道在其远东地区的西方蜜蜂群中发现狄斯瓦螨的侵染。20 世纪 60～70 年代后，由于地理扩散和引种不慎等原因，狄斯瓦螨由亚洲传播到欧洲、美洲、非洲等地。在 1994 年，有 98％的野生蜜蜂遭到瓦螨的侵害，并且给它们带来了各种疾病。如今，除澳大利亚和非洲的部分地区还没有发现狄斯瓦螨外，全世界只要有蜜蜂生存的地方就有狄斯瓦螨的危害。

根据 Zhou 等的研究表明，在中国东方蜜蜂、西方蜜蜂中寄生的均为狄斯瓦螨，还未发现任何一种基因型的雅氏瓦螨，这一结果澄清了中国蜂业界长期以来认识上的一个误区。

2. 生殖生物学特点　狄斯瓦螨是西方蜜蜂的一种体外寄生虫，全球分布。感染瓦螨的蜂群如不加以防治会在 2～3 年内垮掉。瓦螨的生命周期主要包括两个阶段，成蜂体外寄生和蜂巢内繁殖阶段。前者一般持续 5～11d（当蜂群内如无子脾时，可持续5～6个月），期间瓦螨以成年蜜蜂血淋巴为食，并可进行蜂群内外水平传播；在蜂巢内繁殖时期，待产雌螨（Mother mite）通常在蜜蜂幼虫封盖后 70h 后产第一粒卵，并且该卵发育为雄螨，再经过约 30h 后，产一粒能发育为雌螨的卵；在同一个封盖蜂房内共产 5～6 个卵（工蜂房产 5 个，雄蜂房内 6 个）。

另外，发现瓦螨通常在巢房内壁上排泄（排泄物为白色），但有些螨直接在蛹体上排泄，有趣的是后者均为不育螨。瓦螨繁殖力的研究方法主要是自然条件下或人为接种瓦螨后，统计封盖巢房内瓦螨产的卵和幼螨数量。另外，瓦螨具有寄主偏好性，即对哺育蜂的偏好性明显高于对采集蜂的，原因可能与哺育蜂体内营养更利于瓦螨繁殖有关，并且也有报道指出与采集蜂体内含有较高的香叶醇有关。

瓦螨繁殖力的影响因素包括：

（1）幼虫种类　瓦螨在 3 种幼虫巢房内寄生的偏好顺序不同，雄蜂幼虫＞工蜂幼虫＞蜂王幼虫，这与瓦螨在 3 种幼虫巢房内的有效繁殖力（子代螨中雌螨的百分率）和子代螨有效成熟时间（蜜蜂幼虫封盖期限）有关。

（2）寄主种类　采自意大利蜜蜂和中华蜜蜂（*Apis cerana*，简称中蜂）的瓦螨种类不同，中蜂群的瓦螨在中蜂工蜂幼虫巢房内的繁殖率低，而意蜂群中的瓦螨在中蜂和意蜂的工蜂幼虫巢房内均能顺利的进行繁殖。

（3）湿度　在相对湿度设定为 59％～68％和 79％～85％时，

在实验室条件下分别有53%和2%的瓦螨能够繁殖，可见湿度是影响瓦螨繁殖的重要因素，即可通过人为升高湿度水平来防治瓦螨。

(4) 巢脾的移动　瓦螨在蜂蛹身上放置其子代的位置是较为固定的，因此在蜂蛹身体随巢脾移动时可能会使瓦螨无法繁殖，但也有报道指出巢脾的移动不会影响瓦螨的繁殖力。

(5) 寄主日龄、利它激素、性激素、信息素和基因　有报道指出瓦螨在接收到蜜蜂幼虫挥发物（Larval volatilities）或幼虫表皮的戊烷提取物等利它激素的刺激时，能够分别激活卵子发生和卵巢活化作用；另有研究表明，作为信息素的（Z）-8-十七碳烯能够明显降低瓦螨的繁殖力。近些年，有研究利用能影响生存和繁殖的相近生物（例如虱类）的基因和iRNA相结合的技术，对瓦螨的相关基因进行沉默，如果经过上述处理后瓦螨仍能生存，再进行繁殖力的测定，可以不断筛选能影响瓦螨生存和繁殖力而对蜜蜂无害的瓦螨基因。

综上所述，瓦螨的生殖特性由多种因素所影响，并且有关其生殖生物学特性的基础性研究对防治瓦螨具有重要的理论和实际应用价值。

3. 蜜蜂幼虫血淋巴营养成分对狄斯瓦螨寄生性选择的影响　狄斯瓦螨对其寄主血淋巴中的营养成分依赖程度非常高，其生命活动所需的物质、能量都源自其寄主（蜜蜂的幼虫或成蜂）的血淋巴，所以推测狄斯瓦螨对不同蜂种不同职能蜂寄生的偏好和繁殖能力的差异可能与不同幼虫血淋巴中营养物质含量的差异有关。

基于此推测，本书作者王星和吴艳艳等人分别测定了西方蜜蜂和东方蜜蜂的工蜂和雄蜂幼虫血淋巴营养成分，主要为与繁殖高度相关的蛋白质、游离氨基酸、游离脂肪酸、海藻糖、无机元素和维生素E的含量，并进行了差异比较。蛋白质是构成细胞的基本有机物，是生命活动的主要承担者，氨基酸则是合成蛋白质所需的最基本物质，两者都是生物体所需的重要营养物质。曾有研究表明，狄斯瓦螨体内没有蛋白水解酶，不需前期消化就可以直接利用寄主血淋巴蛋白，也可以利用寄主血淋巴蛋白进入卵母细胞，促进卵子发育；蜂螨前期若虫也可直接利用寄主的蛋白。

将该研究与以往其他研究结果结合，推测蛋白质对于蜂螨的繁殖和其他生命活动更加重要，而对氨基酸的利用率并不太高。由于中华蜜蜂工蜂幼虫血淋巴蛋白质含量偏低（同时因为蛋白质的分解导致了游离氨基酸含量高），这是在自然感染条件下导致狄斯瓦螨在中华蜜蜂工蜂房中不育的原因，且人工侵染条件下其在中华蜜蜂工蜂房中繁殖率偏低。

在能源物质方面，游离脂肪酸（FFA）是重要的能量代谢物质，与动物的持久运动能力有关。从试验结果来看，相同蜂种的工蜂幼虫比雄蜂幼虫血淋巴游离脂肪酸含量高，而意大利蜂幼虫的血淋巴游离脂肪酸含量要比中华蜜蜂游离脂肪酸含量高 3～5 倍，存在这一现象的原因还不清楚，推测与蜂种发育过程中的脂类物质和能量代谢不同有关，这也可能是造成意大利蜂飞行和采集能力较强的原因之一。

昆虫血淋巴中含有高浓度的海藻糖，这是昆虫血淋巴的重要生化特征，也是昆虫抗寒能力的重要指标。研究结果显示，中华蜜蜂幼虫血淋巴中海藻糖的浓度明显高于意大利蜂，所以血淋巴中的高浓度海藻糖含量可能是中华蜜蜂比意大利蜂更耐寒的原因之一。

在微量物质方面，包括微量无机元素和维生素等，经过多次预试验，该研究发现不同产地的 4 种蜜蜂幼虫血淋巴中微量物质的差异明显，这可能跟不同地区的蜜源植物不同有关，因蜜蜂采集的花蜜和花粉不同，所获得的微量物质也有显著的差别。但令我们感到意外的是，多个地域的蜜蜂幼虫，其血淋巴中铜离子和维生素 E 的差异趋势是基本相同的。试验结果显示，中华蜜蜂的雄蜂幼虫血淋巴中与繁殖能力密切相关的铜元素和维生素 E 含量均显著高于其他 3 种蜜蜂幼虫，这与蜂螨寄生的差异性显示出高度的一致性，即蜂螨在自然侵染条件下，对中华蜜蜂雄蜂幼虫更具偏好性，在人工侵染蜜蜂幼虫条件下，在中华蜜蜂的雄蜂房内繁殖率更高（表 3）。

表 3　蜜蜂幼虫血淋巴组分含量特征与狄斯瓦螨繁殖能力的相关比较

	中蜂工蜂房	中蜂雄蜂房	意蜂工蜂房	意蜂雄蜂房
蜜蜂血淋巴组分含量特征	蛋白质含量低，游离氨基酸含量高	蛋白质含量高，铜元素含量高，维生素 E 含量高	意蜂工蜂和雄蜂幼虫体内各物质含量相近	
寄生于中蜂的狄斯瓦螨	不繁殖	可繁殖	不繁殖	不繁殖
寄生于意蜂的狄斯瓦螨	人工侵染可繁殖（繁殖率低）	人工侵染可繁殖（繁殖率最高）	可繁殖（繁殖率居中）	可繁殖（繁殖率居中）

目前对狄斯瓦螨的营养发育研究还非常有限，但是通过对其依赖性极高的食物（蜜蜂幼虫血淋巴）成分分析，发现其中与繁殖相关的重要营养物质与狄斯瓦螨的寄生能力差异存在着高度相关性，因此，我们推测蜜蜂幼虫血淋巴组分的差异极有可能导致狄斯瓦螨的寄生偏好性，影响其对寄主的选择。当然，这一结论还需要今后更多的试验来证实。期望在后续研究中能够发现对螨的繁殖起关键作用的营养元素需求量和底限阈值，或者能够找到抑制螨繁殖的关键营养成分，从而从营养学角度找到控制螨繁殖的方法。

4. 危害　狄斯瓦螨是蜜蜂的主要害虫。它们拥有阻碍蜂王繁殖的能力，这对于蜂群来说是致命的破坏。同时，它们偏好寄生在雄蜂巢房中，并且能侵害工蜂和雄蜂幼虫。狄斯瓦螨主要通过刺破成年雄蜂和工蜂的腹部和头部的后半部分来摄取血淋巴。狄斯瓦螨可以在雄蜂巢房封盖前进入雄蜂巢房或者躲进食物中。一旦雄蜂巢房封盖，瓦螨便开始在幼虫上产卵繁殖。狄斯瓦螨繁殖速度快，在单群蜜蜂中寄生的数量可超过 3 000～5 000 只，最高达 1.1 万只。一个封盖幼虫身体上可以同时被数只雌螨寄生，能导致羽化后的蜜蜂体重减轻、翅和足畸形，从而造成蜂群生产力严重下降，乃至全群垮掉。如未及时进行蜂螨防治，蜂群后续很可能出现大面积死亡现象，而且狄斯瓦螨大量传播，危害极重。

螨害诊断特征包括在白色的蛹上留有暗黑色的可见斑点；在雄蜂和工蜂巢盖上有被刺穿的小孔；又或是发现新出房蜜蜂在蜂巢门口爬来爬去。对于养蜂人来说想要确定蜂群遭受螨害有时很难，因为有很多因素会产生相同的症状。

5. 防治　狄斯瓦螨的防治可采用热处理法；周婷等研究发现狄斯瓦螨在相对小的巢房中繁殖力高，因此可以采用勤换巢础，用新脾作子脾的方法，降低狄斯瓦螨的繁殖力；也可以利用狄斯瓦螨偏爱雄蜂虫蛹的特点插入雄蜂脾诱杀；或每隔 16～20d 割一次雄蜂蛹，并清除蜂尸；此外，还可以采用断子结合药物治疗的方法，这是目前最常用的方法。

对于蜂螨，许多养蜂人使用杀螨药进行防治，治疗狄斯瓦螨的化学药物主要是有机酸、萘、氟胺氰菊酯以及升华硫等，将这些沾满药剂的塑料条放置在蜂箱内。但是，这些药物使用过多时，蜂螨会产生出天然的抵抗化学药物的能力，从而使得养蜂人很难控制它们。为避免抗药性，养蜂人也有使用植物精油、烟雾和陷阱等方法来替代上述的杀螨药。然而，其有效性可能取决于蜂巢中蜂螨的数量。虽然用化学物质治疗蜂螨并不是导致蜂群衰竭失调的直接原因，但是这种毒素剂量的增加可能会给蜜蜂带来更严重的问题。

加拿大的养蜂人帕特弗林认为狄斯瓦螨危害较以往更为严重了。一些当地的养蜂人在冬季约 50%的蜂群被毁。与其他养蜂人一样，帕特弗林使用双甲脒、甲酸等药物来防治蜂螨。很多药物能够同时杀灭武氏蜂盾螨。虽然有不少杀虫剂可以使用，帕特弗林担心在有药物残留的巢脾上蜂螨会产生抗药性。而帕特弗林介绍，如果不使用这些化学药物，可能导致损失大量蜂群。

虽然养蜂人通常使用杀螨剂来防治蜂螨，但是也要进一步研究其他的解决方案以防止蜂螨产生抗药性。当蜂螨产生抗药性后，蜂螨就会变成“超级蜂螨”，并且要想除去它们需要使用更高浓度的杀螨剂。这样高浓度的药物的使用会损害蜜蜂的免疫系统。因此，对蜂螨的深入研究是十分必要。

（三）武氏蜂盾螨

武氏蜂盾螨又称“气管螨”，是一种世界性寄生虫，寄生在成年蜂的气管和气囊里。它们严重影响到蜜蜂的健康状况，并迅速在蜜蜂之间互相传播，最终遍布整个蜂群。20世纪初首先在英国被发现，此后，这种侵染广泛传播，变得越来越普遍。在1980—1982年曾导致美国北部蜂群大量死亡，损失率达90%。感染较重蜂群的症状包括：幼虫区减少，群势下降，蜜蜂后翅展开，虚弱无力地爬行；越冬蜂小而松散，越冬饲料消耗增加，蜂群产量下降，最后蜂群弃巢而逃。

在亚热带地区，武氏蜂盾螨种群数量在冬季增长，夏季衰落。据报道，除了瑞典、挪威、丹麦、新西兰、澳大利亚和美国夏威夷外，只要从欧洲引进过种王的国家都有该病的发生。我国是一个进口西方蜜蜂种王频繁的国家，但还没有武氏蜂盾螨危害的相关报道，估计由于其诊断困难、解剖程序操作烦琐或危害程度较轻等原因还没引起足够重视，因此，加强对我国武氏蜂盾螨的调查和研究具有重要的意义。

1. 生物学特性 武氏蜂盾螨生长周期很短，一般在11～15d成熟。该螨整个生活周期都在成蜂气管里度过，除了在搜寻新寄主时才会暂时离开气管。它们在蜜蜂的气管处通过吸食蜜蜂的血淋巴来获得营养。因为幼蜂具备更好的条件使该螨后代完成生长周期，而老龄蜂对武氏蜂盾螨的吸引力较小，且其后代不能在老龄蜂气管内完成发育，所以幼蜂更容易受到武氏蜂盾螨的侵袭。当寄主蜜蜂超过 13 日龄，尤其在 15～25 日龄时，武氏蜂盾螨便开始伺机寻找新寄主，首选刚出房的幼蜂寄生。一旦雌性螨虫进入宿主体内，它便会在气管上产卵。当蜜蜂渐渐长大，其体内的武氏蜂盾螨侵染量也随之增大，并迫使受侵染的蜜蜂自发离开蜂巢，以防止该螨害在蜂群内部传播。成螨偶尔也会在成蜂腹部、头部的气囊内以及翅基部产卵，如果其寄生在这些部位则通常会导致病蜂后翅脱落，呈 K 形翅。武氏蜂盾螨暴露于气管外时，对干燥和饥饿很敏感，成活与否和环境的温度、湿度及自身的营养状态密切相关，如果在几个小时内没有找到适宜的寄主便会死亡。

2. 诊断　武氏蜂盾螨肉眼不可见，这给诊断工作带来很大的困难。蜂农通常根据群势下降、K 形翅等来诊断，但是这些症状均不可靠，唯一可信的诊断方法是对病蜂气管进行解剖观察。有一些方法可以用来诊断该螨。解剖时要求使用新鲜或冷冻的标本，由于酒精会使气管组织变黑而不易观察，所以标本不宜保存在酒精里。气管染色法需要反复操作，诊断较费时。一种较简便的方法是用豆浆搅拌机来粉碎蜜蜂胸部，使充有气体的气管漂浮在上面，然后收集表面残渣来诊断该螨的感染情况。也可以使用 ELISA 检测技术进行血清学诊断。另一种较快捷的方法是直接将蜜蜂胸部捣成匀浆，然后通过薄层层析法分析查看是否有鸟嘌呤残基的出现，因为鸟嘌呤残基是武氏蜂盾螨的代谢废物，这种方法已得到一些研究者的肯定和支持。

3. 防治　防治武氏蜂盾螨的传播十分困难，蜜蜂和武氏蜂盾螨都属于节肢动物，很多基本的生理学过程也很相似，通常武氏蜂盾螨大量遍布整个蜂巢，所以要找到一种对蜜蜂无害而能有效杀灭此螨的化学药物比较困难。有研究表明，一旦蜂群中有武氏蜂盾螨存在，那么它便会很难根治并且大量地滋生繁殖。武氏蜂盾螨还很难被察觉检测出来，所以对于暴发过其危害的地区的养蜂人，他们常常习惯假设蜂群存在该螨，并积极地去用药防治。蜂王随着年龄的增长体质变得极脆弱，很容易受到该螨的袭击，如果这些养蜂人不尽快防治，整个蜂群将面临衰竭瓦解。

一旦蜂巢被该螨侵染，最常见的处理方法是喷洒特定杀螨剂。为了让蜂群摆脱此螨侵害，杀螨剂的使用量已经大大增加。养蜂人一直在研究如何在不使用任何化学物质的情况下去除此螨。使用更加天然的手段来阻止和预防该螨的侵染是值得提倡的，因为这样可以减少杀螨剂的使用并促进蜜蜂通过自然选择的方式来获得对该螨的抗性。美国唯一授权的防治蜜蜂武氏蜂盾螨的制剂是薄荷醇晶体，是从野生薄荷属植物上提取获得，然而在外界温度较低时，薄荷醇晶体挥发量少而达不到治疗效果，但温度过高时，挥发量过大，对蜜蜂产生趋避作用。另一种比较安全的生物防治法是在巢框上放一块植物油制的糖饼，通过植物油挥发的气味干扰雌螨搜寻新寄主，从而有效保护幼蜂不被侵染。防治武氏蜂盾螨最有效的方法还是培养抗螨蜂种，现已发现有几个蜜蜂亚种对该螨产生抗性，如布克法斯特蜂（Buckfast bee），其蜂王已被商业化饲养和出售。研究还表明，只要具有清理行为的蜜蜂通常会表现出较高的抗螨性。

二、蜜蜂病毒

（一）蜜蜂病毒的危害

蜜蜂在全球经济与食品供应中占有重要的地位。但是它们不可避免地被多个病原感染而经历群势数量起伏的波动。蜂群衰退和其极端现象 CCD 被认为是对蜜蜂危害最为严重的影响因素。Cox-Foster 等人发现以色列急性麻痹病毒（Israeli acute paralysis virus，IAPV）与 CCD 发生有关，从而引起学术界对蜜蜂病毒病的广泛关注。

至今发现 20 多种病毒能够感染蜜蜂。这些病毒总体分属于两个科：传染性软腐病毒科与二顺反子病毒科。除了蜜蜂丝状病毒（Apis mellifera filamentous virus AmFV）和虹彩病毒（Apis iridescent virus，AIV），其他已知的病毒都是属于小核糖核酸病毒目，大部分具有类似的基因结构：带有病毒壳蛋白的正义链 RNA 病毒基因组；在 5' 端具有连接 RNA 基因组的小蛋白及 3' 端的多聚腺苷酸；基因组蛋白能够自动加工成多聚蛋白；衣壳蛋白包含 3 个具有二十面体无包膜粒子的结构域；3 个区域包含解旋酶、RNA 依赖的 RNA 聚合酶及另一个结合酶。目前至少已有 9 个蜜蜂病毒的全基因组序列已完成测序工作，包括急性麻痹病毒（Acute bee paralysis virus，ABPV）、黑蜂王台病毒（Black queen cell virus，BQCV）、慢性麻痹病毒（Chronic bee paralysis virus，CBPV）、残翅病毒（Deformed wing virus，DWV）、以色列急性麻痹病毒（IAPV）、克什米尔病毒（Kashmir bee virus，KBV）、瓦螨病毒（Varroa destructor virus，VDV）、蜜蜂丝状病毒（Apis mellifera filament virus AmFV）及囊状幼虫病毒（Sacbrood virus，SBV）。

虽然大部分情况下总能在蜂群发现蜜蜂病毒，但是蜂群经常以无症状的感染状态（隐性感染）存在。但是当蜂群同时处于其他外在压力下时，病毒的水平可能会快速增加并且使蜜蜂工蜂的寿命及幼虫的存活率下降，更会导致冬季或早春的蜂群大量损失，严重影响蜂群的生产与健康发展。如果感染病毒的蜜蜂同时也受螨害的侵袭，更会加快蜂群的衰退或死亡。

（二）蜜蜂残翅病毒的流行病学特性

由于近年来不断有新的病毒及再发性病毒的出现，尤其是可能感染蜜蜂的新病毒，使得蜜蜂的生存受到严重威胁。在 IAPV

出现之前，大部分学者研究的病毒为 DWV 并且发现该病毒伴随瓦螨的传播而成为世界最流行的病毒之一，并广泛流行于欧美国家。在 1999—2004 年间，DWV 在匈牙利蜂群的感染率达 72%，BQCV 感染率达 54%。最近发现，不仅蜜蜂感染 DWV，而且熊蜂也感染了 DWV，并且能引发典型症状。我国对蜜蜂病毒深入的调查研究起步较晚，2011 年 Ai 等人对我国 11 个省份的 7 个蜜蜂病毒的感染率调查结果显示，DWV 是最流行的病毒；而 Li 等在我国 19 个省份的中华蜜蜂样本中发现 BQCV 的感染率高达 98%；而 Yang 等人发现无论是中华蜜蜂还是意大利蜜蜂，其 DWV 的感染率均是最高的。

DWV 可侵染蜜蜂的所有发育阶段，是少见的几种导致寄主发病后有明显临床症状的病毒之一，发病成蜂主要表现为翅卷曲变皱，若蜜蜂蛹期时感染该病毒则会在羽化时出现翅残缺，但蜜蜂残翅病的流行与暴发的一个重要刺激因素是蜂群中有狄斯瓦螨寄生，隐性感染的 DWV 会在狄斯瓦螨作用下被激活从而呈现显性感染，当蜂群中无螨寄生时该病毒致病性极低，已有研究表明瓦螨与 DWV 联合作用是导致蜂群过冬损失的关键因素。因此，认真做好该病防控工作对于蜂群的安全越冬具有重要意义，而防治该病的关键是治螨。

（三）蜜蜂急性麻痹病毒的流行病学特性

在常见病毒的研究中，IAPV 的研究最为深入。自 2007 年其全基因组序列被公布以来，并发现 IAPV 是引起蜂群衰竭征的主要病原之一，随后，对其感染特点、基因组遗传变异与病毒关键结构进化特点方面开展了深入研究。同时，还发现 IAPV 广泛分布于世界各地西方蜜蜂及我国中华蜜蜂群中，并且大多以隐性感染形式存在于生产蜂群或是野生蜂群。Runckel 等在美国跟踪调查了 7 万群蜜蜂约 10 个月，且进行大范围的病原发生及病毒流行学调查，发现 IAPV 以 11.5%的感染率存在于健康蜂群。

在欧洲的意大利蜂群中也发现 IAPV 多为较低感染滴度的隐性感染。采用宏基因组技术分析来自西班牙的蜂样发现 IAPV 是第二大主要病毒，与蚜虫麻痹病毒（ALPV）和西奈湖病毒（LSV）以共感染形式存在；同样，14％的丹麦健康蜂群感染了 IAPV。北美的加拿大也在健康蜂群中发现 40 ％的 IAPV 感染率，在患病蜂群中为 40％～70％。我国对于蜜蜂病毒的感染与流行调查相对较晚，Ai 等对我国 18 个省份的意大利蜜蜂与中华蜜蜂蜂群调查 7 个病毒的流行情况，在 18％的健康意大利蜂群里发现 IAPV，7％的健康中华蜜蜂蜂群，感染为隐性，症状不明显。随后，Li 等在 2012 年也报道了 19 个省份的中华蜜蜂病毒流行调查，但只检测到了 BQCV 与 DWV，并未发现 IAPV。Yang 等对 7 个省份的部分健康的意大利蜜蜂与中华蜜蜂病毒调查，得到了类似于 Ai 等人的结果。贾慧茹等在对北京地区的健康蜂样检测发现，IAPV 的感染率为最高，达到 94％。另外，发现 IAPV 不但是感染蜜蜂的主要病毒之一，而且也对熊蜂的健康构成重大威胁。

（四）北京地区的蜜蜂病毒流行病学调查

目前普遍认为常见 7 种蜜蜂病毒引起的病毒病可能是造成蜂群衰退的主要原因，因此，在各国对蜜蜂病毒病的研究中，这几种病毒的流行病学调查是近年研究的热点。中国是一个养蜂大国，同时也是各种蜂病的多发区域，长期以来我国在蜂病研究方面相对落后，在蜜蜂病毒学研究方面较为薄弱。随着蜜蜂病毒学成为研究的热点领域，2011 年，Ai 等在中国 18 个省份的意蜂蜂场及中华蜜蜂蜂场采集实验样本，应用 RT－PCR 技术对 IAPV、SBV、DWV、ABPV、BQCV、CBPV 以及 KBV7 种病毒在中国的流行情况进行了调查。调查结果表明，在意蜂中 DWV 检出率最高，SBV 位于第二位，未检测到 KBV，且病毒的混合感染情况普遍存在；2012 年 Yang 等以 7 个省份（主要集中于江苏省）

的意蜂蜂场采集的样品作为研究对象，调查了包括7种病毒在内的10种病原体在中国的流行情况，结果发现DWV检出率最高，未检测到ABPV和KBV；2012年Li等在中国19个省份调查了15种病原体，其中包括6种病毒（IAPV、SBV、DWV、AB-PV、BQCV与CBPV）对中华蜜蜂的侵染情况，研究发现只检测到BQCV和DWV。

现阶段对于蜜蜂病毒的检测大多采用单重RT-PCR方法，但近年大量研究表明，现今蜂群中的病毒感染多呈现为混合感染。因此，能够在同一PCR体系中对多种病毒进行检测的多重RT-PCR技术开始应用于蜜蜂病毒病的检测。Grabensteine等建立了能同时检测蜜蜂的ABPV、BQCV和SBV的多重RT-PCR方法；Meeus等建立了能在在同一反应中检测熊蜂ABPV、KBV、IAPV和DWV的多重RT-PCR方法；Carletto等则应用4种多重PCR技术实现了对蜜蜂14种病原体的检测，其中7种是病毒；Sguazza等建立的能够同时检测IAPV、SBV、DWV、ABPV、BQCV及CBPV这6种蜜蜂病毒的多重PCR方法。多重RT-PCR方法能够实现对多种隐形感染的病毒的快速检测且具有高度的特异性、敏感性等优点，有效弥补了传统蜜蜂RNA病毒病检测方法的不足，对于蜜蜂病毒病的防治具有重要意义。

北京养蜂历史悠久，是我国现代养蜂业的发源地之一。近年在市、区县政府的扶持下，北京市养蜂业蓬勃发展，已成为全市农林产业的重要组成部分，带来了巨大的经济效益和生态效应。然而，近年每到春季北京地区蜜蜂不明原因的爬蜂非常严重，与已报道的蜜蜂病毒病很相似，这已成为制约北京地区养蜂业进一步发展的重要因素，但对于该地区蜜蜂病毒病的流行情况还未见系统调查。为此，贾慧茹等人于2013年流蜜期以北京养蜂重点区域（密云区、门头沟区、昌平区、怀柔区）的30个蜂场采集的疑似健康蜂群样品为研究对象，应用Sguazza等建立的多重RT-PCR方法调查IAPV、SBV、DWV、ABPV、BQCV和

CBPV 这 6 种病毒在北京地区的流行情况。

检测结果显示，在所有样品中均未检测到 ABPV 和 CBPV，而 IAPV（93%）感染率最高，然后依次是 DWV（60%）、SBV（47%），BQCV（30%），只有 13%的蜂群单纯感染一种病毒，87%都是混合感染，对 PCR 产物经序列测定分析后，确定确实检测到这 4 种病毒，说明这 4 种病毒可能在北京地区广泛分布。

以色列急性麻痹病（IAPV）感染率最高为 93%，几乎所有样品都感染了该病毒。2007 年 IAPV 才在以色列被首次分离鉴定，而其不仅发病症状与急性麻痹病相似，而且生物学和系统发育学也与急性麻痹病毒相近，甚至于在核酸序列上与急性麻痹病毒也有很高的同源性，因此称为以色列急性麻痹病。自 2008 年 IAPV 在中国广东省被检出后，在随后的有关蜜蜂病毒病在中国流行病学调查中，均有检出 IAPV，但还是首次测得如此高的感染率。有研究表明，瓦螨可能是 IAPV 的载体，而通过采样时实地考察以及与蜂农的交流得知，近年北京地区养蜂场蜂螨危害严重，所以这可能是导致北京地区 IAPV 检出率高于其他地区的原因之一。

有调查显示，IAPV 与蜂群衰竭失调现象之间具有强相关性，虽然不是所有 CCD 蜂群中都存在 IAPV，但该病毒是引起 CCD 的一个重要原因是毋庸置疑的。因该病毒与狄斯瓦螨共生情况下对蜜蜂构成更大威胁，因此有关部门应高度重视对该病的防治，并制订有效的预防措施。

同时，研究结果也显示 DWV 以 60%的感染率位于蜂群病毒感染的第 2 位，DWV 在意蜂中的高发性在许多国家均有报道，且中国的流行病学调查中，DWV 感染率位居首位，所以在对北京地区的样品检测中 DWV 的高感染率是极其正常的。

蜜蜂囊状幼虫病毒（SBV）的检出率为 47%，据流行病学研究该病毒变异株（中蜂囊状幼虫病毒）对西方蜜蜂危害不大，但对中华蜜蜂而言却是一种毁灭性的传染病，蜂群一旦感染此病，可见幼虫大量发病死亡，蜂群断子和飞逃。近年来中蜂囊状幼虫病在广东、福建、浙江、山西、河南、湖北、湖南、辽宁、贵州、四川、北京等25个省份发病较重，对我国中蜂饲养造成严重影响。按照蜜蜂生物学习性，在中国中蜂一般定地饲养，而西方蜜蜂处于转地放蜂流动性大。因此，提示转地放蜂的西方蜜蜂是中蜂囊状幼虫病的传播媒介，从而造成中蜂囊状幼虫病在中国的大面积流行，但这一传播媒介的具体作用机制有待进一步研究。

BQCV检出率为30%，该病毒通常以一种无病症的隐性感染方式长期存在于被感染蜂群的成蜂或幼虫体内。当蜂群中有蜜蜂微饱子虫侵染时，该病毒就会被激活，从隐性感染转化为有明显症状的显性感染，典型症状为患病幼虫体色变黄，表皮逐渐硬化为一层坚韧的囊状外表皮，感染该病的幼虫死亡后会迅速变为黑色，最后，甚至将王台内壁染成棕色或黑色。鉴于BQCV与蜜蜂微孢子虫之间的密切关联，严格控制蜜蜂微孢子虫对蜂群的侵染是控制此疾病的主要防治措施。

（五）我国蜜蜂慢性麻痹病毒的流行病学特性及防治

1. 流行病学特性 此前有关蜜蜂CBPV在中国的流行病学研究多是针对无明显发病症状的健康蜂群，国内也缺乏对病蜂群中CBPV的感染情况系统调查的研究资料。蜜蜂病毒病的高发是导致蜂群数量下降的一个重要诱因，这使得几种常见病毒病流行病学调查成为近年蜜蜂保护研究的热点领域，主要的蜜蜂病毒有CBPV、ABPV、IAPV、DWV、BQCV和SBV等。近年许多中国学者也对这几种常见病毒病的流行情况进行了报道，在中国健康蜂群中IAPV、DWV、BQCV和SBV这4种病毒的检出率很高，且以高度混合感染的方式存在于蜂群中；CBPV因在健康蜂群中极少被检出或检出率很低而使其流行病学数据较少。

蜜蜂慢性麻痹病是由蜜蜂慢性麻痹病病毒引起的一种具有典

型发病症状且会对蜂群造成毁灭性打击的传染病，于1963年被首次发现，现今除南美洲外，在世界各地蜂场广泛流行。自2006年CCD暴发后，蜂群数量急剧下降，引发了世界范围内的授粉危机，已有研究确认，蜜蜂慢性麻痹病是导致近年蜂群衰退的七大常见蜜蜂病毒病之一。因而，明确该病的发生规律对于该病的防控以及养蜂业的持续健康发展具有重要意义。蜜蜂病毒病的流行病学调查，是对其有效防控的基础，近年已有许多关于蜜蜂慢性麻痹病在中国流行情况的报道。

Ai等以从中国18个省份的意大利蜜蜂蜂场采集的180份样品为研究对象，应用RT-PCR技术调查了包括CBPV在内的7种常见蜜蜂病毒在中国的流行情况，健康蜂群中CBPV的检出率仅有6%；2012年，Yang等从中国7个省份的17个意大利蜜蜂蜂场采集样品，对包括CBPV在内的10种病原体在中国的流行情况进行了调查；Li等则对CBPV在内的15种病原体在中国19个省份的中华蜜蜂蜂群的感染情况进行了检测，CBPV的检出率很低或未检出。2013年，本书作者贾慧茹等人对包括CBPV在内的6种常见的蜜蜂病毒在北京地区健康蜂群中的流行情况进行了调查，未检出CBPV。推测CBPV可能主要存在于患病蜜蜂体内，但由于样品检测数量太少且被检样品均来自北京地区，为确切地说明问题，继续对国内已发病且有明显症状的蜂群CBPV的感染情况进行研究。

后续对全国更广范围（包括四川、安徽、浙江、河南、山东、山西、黑龙江、北京等主要养蜂区）的病蜂群进行调查研究，应用RT-PCR技术对136份样品中CBPV的感染情况进行检测，结果120份为CBPV阳性样品，阳性率高达88.2%。由于该研究采用的是与前述健康蜂群试验相同的方法，因而该研究结果中CBPV的高检出率主要与检测的样品来自病蜂群有关。这进一步证实了中国地区的病蜂群普遍存在CBPV感染。该病毒的高检出率可能是诱发蜂群暴发疾病的一个重要因素。

为研究CBPV在中国的遗传变异规律，该研究对获得的8

份 RdRP 基因序列与 GenBank 中的 56 条 CBPV 相应基因序列进行系统进化树分析，结果表明该研究获得的 8 个分离株与 6 个早期发现的江苏分离株以及 4 个日本分离株共同形成两个混合分支，而与欧洲分离株以及美国分离株相距较远，说明目前在 CBPV 中国分离株之间，其进化关系中时间和地域特征不明显，与日本流行株亲缘关系较近，而与欧洲流行株和美国流行株关系较远。这对 Yang 等的研究结果进行了补充，明确了 CBPV 中国分离株与其他国家或地区相应分离株的进化关系，提示有必要对具有独立进化分支的 CBPV 中国分离株的致病性和传播途径进行深入研究。

由于此前国内缺乏 CBPV 流行病学数据，导致该病毒在中国意大利蜜蜂蜂群中大范围流行而尚未受到足够的重视。该研究的结果提示 CBPV 对养蜂业的危害不容忽视，应引起蜂业管理部门和蜂农的重视，并及时采取一定的预防措施。另一方面，有研究指出在健康蜂群中 CBPV 虽为低检出率或隐性感染，而其具有逐渐发展为严重病害的潜在风险，因而对 CBPV 隐性感染的蜂群进行定期监测具有重要的预警和测报意义。Morimoto 等研究指出，可利用 qRT－PCR 方法检测病毒反义链或病毒基因组拷贝数，进而对病毒增殖情况进行定量。因而可以预见，健康蜂体内 CBPV 的增殖程度与蜜蜂患病关系的研究对该病的早期诊断与防治具有重要的现实意义。

养蜂业是集生态效应、经济效应以及社会效应三位于一体的产业，在农业生产中占据着重要位置。仅蜜蜂授粉一项每年为中国农业创造的经济价值就高达 3 042.21 亿元，相当于中国农业总产值的 12.3%；中国又是世界第一的养蜂大国，同时更是蜜蜂病毒病的高发地区。因此，有关蜜蜂病毒病调查与预警工作至关重要。通过对中国主要养蜂区的病蜂进行流行病学调查，进一步明确了 CBPV 在中国病蜂群中的高感染率，推测该病毒可能是诱发国内蜂群发病的一个重要因素。同时，对健康蜂中携带

CBPV 的“带毒蜂”的监测与预警工作不容忽视。在今后研究中还需对 CBPV 中国分离株的致病性、传播机理和与其他病毒之间的动力学作用等方面进行深入探讨，以期能明确该病的发生规律，为养蜂业的健康发展提供理论依据。

2. 慢性麻痹病的防治　在我国春季和秋季大量死亡的成年蜜蜂中，有很大一部分是由慢性麻痹病引起的，该病的防治对于我国蜂业的健康发展具有重要意义。现对慢性麻痹病的发病原因以及防治措施做简要介绍。

（1）发病症状　慢性麻痹病对蜂群的危害主要表现为影响成年蜂的寿命，大多数染病蜂群 3～4d 出现病状，4～5d 后开始大量死亡。感染该病的病蜂主要表现两种症状：春季以“大肚型”为主，主要表现为腹部膨大，身体不停地颤抖，翅与足伸开呈麻痹状态；秋季以“黑蜂型”为主，具体表现为身体瘦小，绒毛脱落，像油炸过似的，全身油黑发亮，腹部尤其黑，反应迟缓，失去飞翔能力，不久便衰竭死亡。

（2）发病原因

①该病在蜂群内的发生与传播有较明显的季节性，与季节性温度变化有关，当温度适宜时蜂群会出现自愈的情况。春末夏初及晚秋低温多雨会导致蜂箱内外潮湿，加之这一时期蜜源缺乏，这些因素会引起此病的发生。

②迷巢蜂和盗蜂、场内互调子脾等都有利于该病的传播，健康蜂还可通过与染病蜂接触和取食被污染的饲料而发病。

③该病的发生与蜂王的强弱也有较大关系。

（3）防治措施　对传染病进行有效防治，应采取综合防治措施，即从消灭传染源，切断传播途径，降低易寄主的易感性等方面联合防治。

①加强饲养管理，保持巢内饲料充足。根据气候变化情况调节蜂群内巢温、湿度，气温高时注意给蜂群通风散热，气温低时加强保温措施，并要防止箱内过度潮湿。

②及时处理病蜂。经常检查蜜蜂的活动情况，一旦发现麻痹病症状，就应立即淘汰或消灭病蜂，以免传染给健康蜂。

③切断该病的传播途径。

a. 定期进行蜂场和养蜂用具消毒。被病毒污染的养蜂机具也是一个重要的交叉传播途径，所以定期进行蜂场和养蜂用具消毒可抑制病害滋生，有效切断包括蜜蜂病毒在内的多种病原物的传播途径。由于慢性麻痹病病毒是RNA病毒，因而沸水和75%的酒精消毒处理对该病毒无效。实践证明，10%的漂白剂水溶液浸泡处理被污染机具和巢脾可有效杀灭和降解包括病毒在内的多种病原物。此外，X射线和γ射线也可有效灭活蜜蜂病毒，但受设备和操作条件的限制，无法广泛应用。

b. 适时更换巢脾。蜜蜂病毒广泛存在于蜂群蜂箱内，如蜂蜡、蜂箱内壁、蜂蜜和花粉中，特别是由花粉经蜜蜂加工而成的蜂粮内常常含有大量的病毒颗粒。对老旧巢脾更换时，为避免洁净的新巢脾被再次污染，最好整箱同时更新，而不是单独多次更新。

c. 防止蜜蜂取食污染饲料。一旦发现蜜源植物已被污染，要迅速远离污染源。

d. 防治狄斯瓦螨。有研究表明，蜂螨是传播病毒的媒介。狄斯瓦螨通过吸取健康蜂和病蜂的体液，使得该病传播，这是其主要的传播途径之一。因而，利用蜂群断子期，适时进行蜂螨防治也可抑制病毒病的发生。

④提高蜂群自身抵抗能力。更换蜂王，选用无病群培育的蜂王来更换患病群的蜂王，以提高蜂群繁殖力和对疾病的抵抗能力。选育抗病和耐病的蜂种，蜂种选育技术正日趋成熟，运用高速发展的谱系分析和分子定位技术确定和筛选理想性状。在缺少蜜源时，要及时补充饲喂，尤其应补给适量的蛋白质饲料，以增强群势，减少病害。

⑤药物防治。通过对已有的实验结果和蜂农自己摸索的防治

措施进行整理，列举几种防治方法如下（仅供参考）：

a. 生川乌等中药配方。河南养蜂户在 2001 年通过查阅药书和在中医的指导下研究出了以下中药配方，并有效治疗了蜜蜂慢性麻痹病。具体配方：生川乌 10g、五灵芝 10g、威灵仙 15g，又加入 10g 甘草，加水适量煮沸澄清加蜂蜜拌匀。

该药分 3 次煮沸，澄清后加糖，口感微甜即可。用喷雾器斜喷蜂体，见雾即停，逐脾喷治，每天 3 次，喷治 3d 后停 1d，第 5 天即可见效。

b. 蜂胶酊。辽宁养蜂户于 2007 年研究出蜂胶酊对于该病有一定的防治效果。具体做法是先用 1 倍清水稀释蜂胶酊，然后将稀释的蜂胶酊洒在巢脾、蜂箱四边的蜜蜂体上，3～5d 1 次，连续治疗 5 次后，麻痹病症状消失。

c. 升华硫。升华硫对病蜂有驱杀作用，在实际生产中应用较多。许多蜂农将升华硫洒于蜂路、框梁或箱底，对该病进行防治。一般的用量为每群每次 7g 左右，切忌用量过多，否则会造成未封盖幼虫中毒。

d. 其他防治方法。随着分子生物学的发展，特别是在医学和兽医学领域，具有抗病毒特性的物质即抗病毒剂的治疗作用已得到认可；而蜜蜂病毒学在这一领域的研究相对滞后，基于 RNA 干扰理论的抗病毒试剂的推广还处于起步阶段，其效果也有待证实，也同样预示该方法可能是今后防治策略的发展方向。

三、蜜蜂微孢子虫

（一）概述

蜜蜂微孢子虫是由单细胞真菌引起的一种专性胞内寄生虫。这种寄生虫生长繁殖的唯一手段就是生活在蜜蜂中肠细胞中，并吸收其中的营养以供自身繁殖。最终导致蜜蜂中肠细胞破裂瓦解，然后孢子进入蜜蜂肠道，进一步进入细胞中。这种微孢子虫可影响蜜蜂腺体发育，导致患病蜜蜂无法饲喂蜜蜂幼虫。感染该病的蜂王通常会停止产卵，整个蜂群数量增长放缓。该寄生虫一般通过受感染蜜蜂的粪便来传播，因为健康的蜜蜂会自发清理蜂巢，从而接触该寄生虫。染病蜂群在蜂箱前面和顶部会有黑色和黄色的蜜蜂粪便，粪便呈细条状。受到感染的蜜蜂无法飞行，它们腹部肿大，身上的毛变得稀疏。

蜜蜂微孢子虫包括两种，分别是蜜蜂微孢子虫（*Nosema apis*）和东方蜜蜂微孢子虫（*Nosema ceranae*）。1995 年台湾地区报道发现东方蜜蜂微孢子虫。该病原从东方蜜蜂蜂群传播到西方蜜蜂蜂群，在 2006 年发展到了欧洲地区。东方蜜蜂微孢子虫与蜜蜂微孢子虫的关系实际上并没那么相近，研究指出东方蜜蜂微孢子虫与胡蜂微孢子虫（*N. vespula*）关系更近。这个观点得到多数研究者的认同，不能简单地将蜜蜂微孢子虫的知识应用于东方蜜蜂微孢子虫。此外，不同类型的东方蜜蜂微孢子虫表现出不同程度的致病性（东方蜜蜂微孢子虫能感染多种寄主），当其危害蜂群时，自然选择会使该地区蜜蜂产生抗病力。

虽然蜜蜂微孢子虫是否是蜂群衰竭失调现象的主要原因还存在争议，但是它仍然被视为蜂群衰退的原因之一。这些年，养蜂生产不同于以往，以前日常管理可保证蜂群健康，现在却为保住蜂群而煞费苦心，这与新疾病和对药物产生抗性的新病原（如美洲幼虫腐臭病已对药物产生抗性）有关。不同杀虫剂（即使单独使用对蜜蜂不是高毒的）的联合使用将会导致蜜蜂患多种疾病，最终蜜蜂数量减少。为应对重要授粉昆虫的减少，美国国会已经批准提高蜜蜂研究的资助，目的是寻找导致蜜蜂减少的原因。相关研究者开展了定地蜂场的蜜蜂、花粉和蜂蜡样品的分析，美国农业部农业协调项目组（CAP）会对此类紧急事件进行备案。

东方蜜蜂微孢子虫和蜜蜂微孢子虫均感染蜜蜂肠道上皮细胞，但相似之处仅限于此。两者主要区别在于感染的严重性不同。前者更加活跃并且全年都有可能发生，能在 8d 内毁坏整个蜂群。研究人员发现东方蜜蜂微孢子虫继续感染基底细胞，之后孢子的踪迹遍及整个营养系统，包括咽下腺和唾液腺，它们仅感染20%脂肪体，不感染肌肉组织。而后者通常出现在冬季，蜜蜂只需要熬过冬季这几个月的时间，一旦春天到来，蜜蜂便可重新开始觅食，此种蜜蜂微孢子虫便会消失。

丹尼斯·安德森博士解释蜜蜂微孢子虫致病一般遵循温度驱使模式，即少量越冬蜂感染，继而将孢子传染给越冬蜂群的临近蜜蜂（染病蜜蜂在蜂群中呈口袋状分布），并在越冬期逐渐扩大，直至春季染病蜜蜂飞出巢后死亡。夏季蜜蜂微孢子虫维持较低水平，到秋季出现小高峰，并再次进入温度驱使模式。与蜜蜂微孢子虫只在11月和3月危害严重不同，东方蜜蜂微孢子虫不存在季节性，它们全年感染，并在夏季生长旺盛，使蜂群在春季或夏季流蜜期难以存活甚至垮掉。

拉奎尔·马丁埃纳德斯发现25℃条件下蜜蜂感染东方蜜蜂微孢子虫的速度快于蜜蜂微孢子虫，她还发现后者生长温度范围窄，25℃能生长，33℃生长旺盛，但37℃时死亡；而东方蜜蜂微孢子虫在37℃能够存活。同样说明东方蜜蜂微孢子虫更具致病性，并且比蜜蜂微孢子虫更耐热。

（二）东方蜜蜂微孢子虫的研究进展

玛丽亚诺·伊赫斯博士的研究团队（西班牙养蜂分中心）因报道东方蜜蜂微孢子虫可能导致蜂群衰退而震惊蜂业界。突然间，似乎人们找到导致蜂群衰竭失调征（CCD）的原因。此报道一出，随即一系列以“微孢子虫双胞胎”为题的文章，全部发给“scientific Beekeeping. com”网站。关于东方蜜蜂微孢子虫对西班牙养蜂业的影响存在两种截然相反的观点。伊赫斯博士提出，如果不使用抗生素，感染东方蜜蜂微孢子虫的蜂群必将垮掉。不少业内同行持反对意见。其实这不仅仅是学术争论，这也是对养蜂业管理成本的讨论。

1. 蜂王感染 蜜蜂微孢子虫一直威胁着蜂王，造成蜂群过早更换蜂王。在寒冷与蜂群负担重时，蜂王粪便中的孢子感染工蜂，由哺育蜂饲喂传播到整个蜂群。若此微孢子虫由哺育蜂向蜂王转移后危害性更强。而东方蜜蜂微孢子虫直至蜂群垮掉时才能感染蜂王，这对养王场来说是个好消息。

2. 蜜蜂免疫抑制 孢子虫的感染能抑制蜜蜂对食物的消化能力。莫罗那发现感染蜜蜂微孢子虫的幼蜂在消化食物时，水解蛋白能力下降。伊赫斯博士认为感染东方蜜蜂微孢子虫的蜜蜂丧失消化功能因极度饥饿而致死。卡里纳·图内斯发现感染蜜蜂微孢子虫后蜜蜂免疫系统应答增强，而感染东方蜜蜂微孢子虫后蜜蜂免疫系统明显被抑制。由于微孢子虫能穿透蜜蜂应对病毒感染的最重要壁垒——完好的肠道上皮，这提示我们应去探究东方蜜蜂微孢子虫和病毒的相关性。圣地亚哥·波利仕科曾在阿根廷发现东方蜜蜂微孢子虫至少感染3种熊蜂。尚未确定这一发现有多大意义，但是当一种寄生虫拥有寄主种类愈多时，其危害性愈大。

3. 蜜蜂行为改变 由于受感染的采集蜂过早死亡，东方蜜蜂微孢子虫最明显的症状是使蜂群群势快速下降。有趣的是，染病的采集蜂喜好在凉爽天气觅食，而且外出觅食更频繁，它们飞出巢外死亡，这可以避免蜂群内感染。鲍勃·哈瑞森描述了另一种症状，蜜蜂不取食糖浆却大量溺死在饲喂器内，他认为这是判断感染东方蜜蜂微孢子虫的典型标志。克里斯·梅克发现，由于染病蜜蜂食欲和饥饿水平的提升，迫使蜜蜂获取更多的食物，从而解释了蜜蜂急于取食而溺死在饲喂器中的原因。

4. 蜜蜂微孢子虫营养期与孢子增殖 大多数昆虫的微孢子虫感染幼虫，而东方蜜蜂微孢子虫和蜜蜂微孢子虫则不然。由于成年蜜蜂寿命相对较短，夏季仅几周时间，这意味着寄生虫会在蜜蜂成年早期感染，才能在蜜蜂死亡前经历几次传代，以繁殖和产生大量孢子。

蜜蜂微孢子虫主要通过蜜蜂清扫巢脾而摄入孢子传播，而东方蜜蜂微孢子虫通过进食储存的花粉感染。上述两种行为多发生于内勤蜂，这些内勤蜂很快被感染。比较同一蜂群的内勤蜂和采集蜂的平均孢子量，会发现在后期孢子迅速增长，采集蜂孢子数平均值是内勤蜂的10～20倍。

了解东方蜜蜂微孢子虫是否能以营养体繁殖，而不产生孢子，仅通过检测肠道中的孢子是否会忽略真正的感染？此疑问得到澳大利亚研究者济塔·桑切斯的赞同。济塔此前研究蚕幼虫微孢子虫，该孢子虫能维持营养体感染而不产生孢子。拉奎尔发现东方蜜蜂微孢子虫在感染早期，其营养体与孢子的比值高于蜜蜂微孢子虫，所以不能因早期肠道内无孢子而认定蜜蜂未受感染。

5. 孢子的传播　由于蜜蜂感染蜜蜂微孢子虫后会引发痢疾，当蜂群死亡后，巢脾通常布满褐色的斑点和条痕，会感染新出房的蜜蜂。当蜜蜂摄入孢子后，孢子会释放出鱼叉状的极体，孢子要真正感染蜜蜂，极体必须经过围食膜，并穿透上皮细胞。即使这样，极体的繁殖还必须克服蜜蜂肠道细胞先天免疫和诱导出的免疫反应才能进行。

英格玛尔·福瑞斯在实验室内对东方蜜蜂微孢子虫进行研究，发现微孢子虫 LD_{50}（50%蜜蜂感染所需剂量）接近100个孢子。一旦达到剂量，感染迅速蔓延。肠道内感染细胞在2～3d内产生新的孢子，此后孢子可自行感染蜜蜂，而不是被排出肠道外。感染6d后，孢子遍及上皮层，7d蜜蜂死亡。

已发现蜜蜂微孢子虫在夏季和冬季产生不同类型的孢子（有的生长快，有的则处于休眠状态），尚不知东方蜜蜂微孢子虫是否如此。蜜蜂微孢子虫通过粪便传播，缘于冬季感染的越冬蜂出现痢疾或蜂王感染。东方蜜蜂微孢子虫与痢疾无关，伊赫斯发现它们通过带有孢子的花粉进行感染，但尚不清楚其传播方式。将巢脾放回蜂群前，许多养蜂者要先用乙酸（或其他方式）消毒。美国没有研究人员对巢脾进行实际检测，以确定其被东方蜜蜂微孢子虫孢子污染的情况。

6. 巢脾消毒与孢子活性 东方蜜蜂微孢子虫污染的巢脾可利用乙酸熏蒸和辐射法消毒，也可用漂白剂和碱液。克拉默博士将东方蜜蜂微孢子虫的孢子放进冰箱，2d 后，他发现其中一些孢子死亡。他对 10 000 个孢子进行分析（数据未发表），孢子活性最初为 87%，在冷藏室放置 1h 后，活性降至 70%；在冷冻室放置 1h 后，活性降至 10%～50%；在－80℃放置 1h 后，仅有 5%孢子存活。瑞典研究人员发现很难用冰冻的孢子感染蜜蜂。他们指出美国大部分地区冬季寒冷足以杀死东方蜜蜂微孢子虫孢子。这与一些商业养蜂者的做法不谋而合，他们将感染的蜂具在寒冷天气下存放一个月。然而他们又发现蜜蜂微孢子虫孢子冷冻后更具感染性，1 000 个冷冻后的孢子能 100%感染蜜蜂，高于未冷冻或冷藏保存的孢子。在寒冷环境下东方蜜蜂微孢子虫的孢子很脆弱，而温暖地区的养蜂者，包括美国中西部的养蜂者（将蜂群转移到加利福尼亚进行巴旦木授粉），其污染的蜂具未经冬季寒冷气候“消毒”，而受害严重。另外，克拉默博士还发现，如果温度升高，东方蜜蜂微孢子虫孢子会迅速死亡。

（三）我国蜜蜂微孢子虫的流行病学特性

蜜蜂微孢子虫病是危害西方蜜蜂的主要病虫害，主要侵染成年蜜蜂的中肠细胞，可以造成蜜蜂个体生理及行为上的异常并导致蜜蜂个体寿命缩短。自 2006 年起陆续有研究人员在欧洲、美洲及我国台湾等地区发现西方蜜蜂群被东方蜜蜂微孢子虫侵染的现象，尤其近些年的研究发现在许多国家或地区西方蜜蜂群中东方蜜蜂微孢子虫有逐渐取代蜜蜂孢子虫成为主要病原种的趋势。由于东方蜜蜂微孢子虫对西方蜜蜂具有相对较强的侵染性和致病性，越来越多的研究人员倾向于认为东方蜜蜂微孢子虫是造成近些年欧美地区西方蜜蜂大面积死亡的一个重要原因。鉴于此，调查不同地区蜜蜂群中微孢子虫的种群分布陆续成为各国的研究热点。本书作者王强等人参考了国外成熟的蜜蜂微孢子虫种群鉴定技术，对采自中国主要养蜂地区的蜜蜂微孢子虫样本中孢子种类进行鉴定，初步明确目前中国发生与流行的蜜蜂微孢子虫种类，从而为蜜蜂微孢子虫在中国的流行规律研究及防治工作奠定一定的基础。

依据该研究结果，获知多重 PCR 技术对蜜蜂微孢子虫的种质鉴定中微孢子虫的检出率为 100%，并且通过 PCR 扩增产物的序列分析证明了出现两种蜜蜂微孢子虫条带，多重 PCR 方法的高检出率以及序列分析结果保证了多重 PCR 法进行微孢子虫种质鉴定的准确度和可靠性。该研究结果初步明确了东方蜜蜂微孢子虫在中国西方蜜蜂群中已成为主要的病原种，这一结果与国际上的研究结果相同。结合蜜蜂微孢子虫病在中国的发生及流行调查，认为这一结果有可能是近些年我国蜜蜂微孢子虫病害流行及危害逐年增加的原因之一。此外，采自山东寿光的同一蜂场的样品同时鉴定出了 2 个种的蜜蜂微孢子虫，这也验证了前人的观点，即同一个蜂场可能会同时感染 2 个种的微孢子虫。由于项目开展时间有限，部分省份所采集的样品相对缺乏代表性，还有些地区尚无数据，后续还需进一步对这些地区继续进行重点跟踪调查，以彻底明确我国蜜蜂微孢子虫的种系构成与分布。

（四）蜜蜂微孢子虫的检测

1. 检测注意事项 马丁·埃纳德斯指出，东方蜜蜂孢子虫病和蜜蜂微孢子虫均能在 2d 内在肠道细胞中完成生命周期（孢子至孢子），并且认为孢子数不能真实反映感染蜜蜂的健康状况。有报道提示养蜂者不要太相信孢子计数，尤其是对蜂群中几只蜜蜂的检测，应该分清孢子虫感染和遭受孢子虫病害的区别。如果蜂群含有 500 万个孢子，这时仅有极少数蜜蜂感染到一定程度，而当对应内勤蜂感染达到相当高比例时，则需要特别注意了，蜂群会很快垮掉。因为采集蜂样本提示蜂群是否被感染，而内勤蜂样本是判断感染是否严重的指标。感染东方蜜蜂微孢子虫的蜂群出现幼虫病，这种幼虫病在过去几年内发生过，出现“插花子”现象，死幼虫变黄，并伴有欧洲幼虫腐臭病的症状。杰夫和丹尼斯博士同样在美国东海岸发现此现象，他们称之为“鼻涕幼虫病（Snotty brood）”。该病害在蜂群间传播，抗生素防治有效，蜂群能自愈。

无论何种微孢子虫感染，均会对蜂群产生影响，并易引发其他病害。然而，对于多数蜜蜂病害，在饲料充足、天气条件好的情况下，蜂群能维持得很好。而如果蜂场拥挤、自然花粉不足、蜂群有蜂螨或其他病害，应特别留意东方蜜蜂微孢子虫。温暖地区的商业养蜂者发现孢子数高于 200 万个/群，蜂群群势无法增长，而在美国加利福尼亚 500 万个孢子/群对蜂群影响不明显。

对东方蜜蜂微孢子虫进行监测，需收集巢门口的蜜蜂。许多养蜂人用收蜂器，如没有收蜂器，也可用蜂扫将巢门口蜜蜂扫进广口瓶（用纱网挡住巢门比用木板方便）。确保每份样本不少于 50 只蜜蜂。在同一蜂场选几群蜂，每群收集大约 10 只蜂，装入同一瓶中，做好标记，带到实验室进行分子检测。

2. 快速检测法 20 世纪 50 年代，美国发现西方蜜蜂微孢子虫，当发现感染蜜蜂在蜂箱前爬行并伴有黄色腹泻物，养蜂者普遍使用抗生素治疗。而后出现了新种微孢子虫（东方蜜蜂微孢子虫）在美国及全世界广泛传播，并在悄无声息地取代西方蜜蜂微孢子虫。由于它们不易被检测到，而且蜜蜂可能被感染数周而不表现出症状，因此，在很长一段时间内感染不断蔓延。1996 年发现时未引起重视，直到 2005 年此病在亚洲暴发才使人们警觉。2006 年，西班牙、法国、德国和瑞士等欧洲国家检测到东方蜜蜂微孢子虫，造成大量蜂群损失。两种微孢子虫的孢子在显微镜下的形态相似而不易区分，如需进行病原鉴定，一般将蜜蜂样品送到能开展 DNA 扩增的实验室检测。科学家通过 PCR 分子检测法根据两种微孢子虫基因的不同而区分。感染东方蜜蜂微孢子虫后，蜂群快速死亡，挽救蜂群需对该病进行及时检测和治疗，寻求快速而简单的鉴定方法，来挽救整个蜂场，并防止疾病蔓延。

快速试纸法主要是依据免疫原理，尽管以抗体为基础的快速试纸法涉及多种复杂技术，但实际使用很方便，而且被包装成一个试剂盒。在医学领域中，它已应用于重要疾病、带菌昆虫和人类血液中 HIV（艾滋病病毒）的检测，人们所熟悉的家用试孕纸就是依照此原理。为使这项技术适应养蜂需要，威斯拉科（Weslaco）蜜蜂研究组（USDA/ARS）和私营生物技术公司合作，希望发明一种对感染微孢子虫的蜜蜂样品进行简单、准确检测的产品。

一盒快速试纸装有多个纤维素条，每条检测一份样品。此方法的原理是以微孢子虫抗体和免疫原紧密结合为基础的免疫反应。将一只蜜蜂或几只蜜蜂的中肠研磨后放于装有试剂的小瓶中，将一个纤维素条插入混合浆中，片刻后会有一或两个条带显现。一条蓝带表明阴性，一条蓝带和一条红带（两条带）表明阳性。这些纤维素条包含东方蜜蜂微孢子虫抗体，并呈现“旗子”状。但此种方法质量差、专一性较差或敏感度低的抗体会导致快速检测的失败。抗体质量影响免疫的成功与否，而最初免疫原的好坏取决于类型和纯度。杂质分子是次要免疫原，它会使抗体专一性差。该项目组提出一种新方法——基因组抗体技术（GAT），以克服此难题。通过将一小段包含编码目的蛋白 DNA 序列的环状 DNA（质粒）注射到动物体内，而后直接产生一种纯蛋白。体内表达的蛋白被动物判断为外源物质，这将促使在动物血液中产生和释放抗体。

美国农业部完成两种微孢子虫基因组的测定，以此确定东方蜜蜂微孢子虫孢子壁上的目的蛋白序列。目前就东方蜜蜂微孢子虫抗体对蜜蜂样品测试，结果显示其有高敏感性。将蜜蜂组织匀浆稀释 5 000 倍仍可检测到孢子，这与商业抗体相似。新抗体能在 1 000 只未患病的蜜蜂中检测出 1 只患病蜂，这种敏感度意味着在感染率很低的蜂群也能检测到孢子。这将有助于疾病的诊断，最重要的是可减少抗生素的使用。在国家之间蜜蜂转移时，为监管机构提供新的检测工具，并为育种场和笼蜂生产者提供检测和监控蜜蜂微孢子虫水平的一种方法。

（五）防治方法

如果饲养的蜜蜂是强群，通常可以抵挡住蜜蜂微孢子虫的危害，但当蜜蜂受到多重压力源时，它们便会极易受到该寄生虫的感染。防治蜜蜂微孢子虫的常用药物为烟曲霉素。这种化学药物是有效对抗蜜蜂肠道内的寄生虫的，通常还是有一定防治效果的，但并不完全适用，有的情况需要提高25%的使用剂量。但仅限抑制蜜蜂微孢子虫的营养体，而对于其孢子没有效果。

目前仍很难确定治疗东方蜜蜂微孢子虫最有效和最适宜的方法。杰夫·佩蒂斯和斯蒂夫·佩纳尔的研究指出，由于对照组的症状自然消失，其大规模田间试验失败。此现象使我们对养蜂者报道某些治疗方法的有效性产生怀疑，不知他们是否设置对照蜂群。也有研究指出酸性环境对蜜蜂微孢子虫具有抑制作用，因而有的建议使用柠檬酸进行防治。东方蜜蜂微孢子虫会在治疗几个月后重新感染。目前无草药治疗的相关数据，尚不知百里酚是否有效。因此，至今并没有有效的防治方法。

四、白垩病

（一）概述

蜜蜂白垩病是由蜜蜂球囊菌（*Ascosphaera apis*）寄生而引起的蜜蜂幼虫死亡的传染病。这种疾病最早于1968年发现于美国加利福尼亚。蜂球囊菌为真菌，其暗绿色孢子囊含有约8个子囊孢子，每个子囊孢子又由无数孢子组成，并且每个孢子均具有致病潜力。该孢子以蜜蜂幼虫体液为营养进行繁殖，不断增长的真菌菌丝体最终导致蜜蜂幼虫干瘪、变白，也有的后期使蜜蜂的干尸会变成暗灰色或黑色。即将封盖的幼虫和刚刚封盖的幼虫是易感对象。花粉可能是该病的传播媒介，推测感染该菌的花粉被转移到健康的蜂群内，因健康的幼虫摄入真菌孢子而患病。真菌孢子可遍布于蜂箱内部各组成部分的表面，并且能够多年保持其致病性。孢子可在蜜蜂储存的花粉、蜂蜡和零售的蜂蜜中被检测到。在 20～30℃之间储存 2 年的蜂蜜中仍能发现多种类型的孢子，并且它们可保持 15 年的致病性。

研究人员发现在蜂巢中东方蜜蜂微孢子虫、白垩病病原和其他病原体的高感染性对蜜蜂的免疫系统有着严重的危害。然而，当蜂群处于良好状态时，蜜蜂自身的抵抗力是可以成功阻止特定病原体入侵的。当蜂群有足够的食物供应，蜂巢内的蜜蜂均很健康，并始终保持环境清洁，蜂群具备很高的抵抗力。然而，由于许多具有破坏性的人为因素导致了蜜蜂的免疫系统受损，同时必要的卫生清洁能力也丧失，这意味着蜜蜂的抵抗能力也变得更低。

（二）防治方法

针对白垩病的防治，人们已对大量的化学药物进行了试验。郝尼特基列举了一些可能抑制真菌在培养基或蜂群中生长的化学物质，但遗憾的是所供试的化合物均未能达到彻底杀灭该真菌的水平。多年以来，陆续出现了很多防治白垩病的替代方法，其中被蜂农普遍接受的方法有抗白垩病蜜蜂品系的培育，饲养管理与卫生手段的改进以及环保的天然药物的应用；另外，因考虑到杀虫剂和抗菌素对蜂具和蜜蜂健康的不利影响，需使蜂群内外杀虫剂的用量降至最小。

1. 遗传性状的改良　蜜蜂的卫生行为被视为评价其抗病性或抗寄生虫能力的标准，也被认定为抗幼虫病的主要手段，因此换用具备良好卫生行为蜂群的蜂王已成为应对白垩病最普遍的方法之一。在过去的几十年里，多数的研究也主要专注于通过育种来改善蜜蜂的卫生行为，已证实具备明显的卫生行为性状的蜂群能自行减少储存蜂粮和蜂巢内真菌孢子的数量，并在多数情况下，这些蜂群不需要任何处理即可克服白垩病。有研究表明，蜜蜂卫生行为涉及多个基因。这些基因的产物作用方式复杂，并且报道称蜜蜂遗传多样性的增加可能对白垩病的发生具有重要的作用。

2. 管理与卫生 饲养管理与卫生措施旨在将真菌感染消灭在源头处，相关措施包括补充饲喂（目的是改善蜜蜂的营养和健康状况）、保持蜂箱清洁通风、使用干净的蜂具、每年更换储存的蜂粮和子脾，并且避免蜂群间调换巢脾；替换旧巢脾也可避免其上残留的杀虫剂。

人们尝试了多种不同的消毒方法以减少蜂箱内真菌孢子的数量。有人利用不同的化学试剂对蜂箱等进行熏蒸，但由于所用的化学试剂在蜂箱和蜂蜡中有残留而未能得到广泛推广。γ射线可对蜂具、旧巢框和旧巢脾进行有效的消毒，同样也能对蜂蜡和蜂蜜消毒。

射线对蜂蜡无不良影响，但影响蜂蜜的理化性质，如降低其酶活性，改变颜色，使其变稀而从巢脾中流出。射线仪器的费用和使用操作限制了该技术的应用。

3. 天然物质和微生物防治法 由于白垩病在世界范围内蔓延，并且缺少能够克服该病的商品药物，因而人们开始关注替代方法的研究。与合成的抗真菌药相比，利用天然物质防治白垩病更受欢迎。人们将多种物质应用到防治白垩病中，其中包括从植物中提取的抗菌物质。现已检测了多种抗真菌物质，有关报道指出柠檬醛、香叶醇和香茅油等精油对抑制真菌体外生长最有效，但这些精油还需进行田间实验以评估其在蜂群中的有效性。一种广谱抗菌药（溶解酵素）已在加拿大进行了田间实验，数据显示该药对蜂群中白垩病的防治有效。另外，大量与蜜蜂相关的微生物，如一些青霉菌、曲霉属真菌、芽孢杆菌等微生物显示对培养的白垩病病原有抑制作用。

五、美洲幼虫腐臭病

（一）概述

美洲幼虫腐臭病在世界范围内暴发，并曾在短时间内毁掉20%的蜂群。该病是由幼虫芽孢杆菌（*Paenibacillus larvae*）引起的严重病害。3日龄内的蜜蜂幼虫是易感对象；该菌可以通过幼蜂哺育幼虫而在蜂群内部得到传播；在进入蜜蜂幼虫体内后，孢子便在其中肠处萌发生长。该病能够导致蜂群的蜜蜂数量和总生产力（如蜂蜜、花粉、蜂胶、蜂王浆和蜂蜡的产出量）下降。感染此菌的幼虫首先会变成黑色，死后幼虫会变成暗棕色。子脾通常出现“插花子”现象，幼虫未发育并相继死亡，最后被感染的蜂巢发出难闻的气味。

幼虫芽孢杆菌是西方蜜蜂危害最严重的病原之一。其孢子可以存活50年，并时刻监测着周围环境等待萌发生长。一旦此孢子萌发，它们将会污染蜂蜜和蜂巢并能渗透到蜂箱内木材纤维当中；此外，该菌极易在蜂群间传播。

（二）防治方法

该病防治方法包括焚烧被感染的蜜蜂、蜂巢和养蜂设备或者使用抗生素。焚烧似乎是一种很有效的方法，但也极具破坏性。抗生素只对营养期的细菌有效，但对于孢子没有防治效果。当抗生素消除后，孢子可能依然存活在蜂蜜和蜂蜡中，并且继续危害蜂群。美洲幼虫腐臭病本身不会直接导致CCD，但是更多的研究表明，如果为消除该菌而使用化学药物的同时也会削弱蜜蜂的免疫系统，使蜂群更容易感染上其他病害，如病毒。

另外，值得注意的是，蜜蜂另一种常见细菌病，欧洲幼虫腐臭病并未被列入CCD诱因之中，因此本书未单独叙述该病症。

六、出租蜂群授粉及蜂群运输

除了蜜蜂病害，引起蜜蜂衰退的原因还有商业化授粉带来的蜂群长途运输、蜜蜂营养不良、人工授精导致的遗传多样性丧失以及在蜂群中大量杀虫剂的使用。虽然蜂螨、病毒和细菌可导致蜜蜂死亡和蜂巢内蜜蜂数量的减少，但这些疾病不能完全解释当今所发生的大面积蜜蜂消失现象。推测还有其他的因素共同影响而导致了蜜蜂免疫系统的崩溃。真正了解潜在的因素才能更好的掌握蜂群衰退的复杂性。科学的认识也将驱动人们改变其对待蜂群的不良举动，通过相应改善行动来降低对蜜蜂的影响是至关重要的。

人们在驯化蜜蜂进行采集花粉、花蜜和授粉等活动时，蜜蜂正常生活规律被扰乱。尤其是转地授粉时，蜜蜂在作物生长季节被转移 2～5 次，其出巢活动受限并受巢内温度变化的影响，这些因素均对蜜蜂，尤其是幼虫的生长发育造成不利影响。这使蜜蜂与寄生虫和病原微生物的接触时间变长，从而增加了其受危害的概率。西方蜜蜂被认为是最具价值的农作物传粉昆虫之一，因为它们很容易被运输，并且费用相对较低。在短暂的授粉季节内，商业养蜂者通常利用卡车带着成千上万的蜂群在全国范围内转地授粉。据联合国粮食及农业组织报道，全球商业蜂群数量自 1961 年以来增加了 45%。该统计表明，快速发展的经济全球化已经提升了人们对租赁蜂群为农业授粉的需求。然而，此项服务需求的增加量比饲养蜂群的增长量要多，这可能会给全球授粉产业带来巨大压力。

在美国，蜜蜂负责给大约 100 种不同种类的水果和蔬菜授粉。奶制品和牛肉的生产也依赖于蜜蜂授粉，因为蜜蜂能帮助促进畜牧业饲料来源——紫花苜蓿的产量增加。没有了蜜蜂，人们获得每日所需要食物将变得更为困难。在过去的半个世纪，由于现代化农业的推进，美国依赖授粉的作物耕种面积一直在扩张，也因此带来授粉服务需求的增长。然而，由于蜂群衰退现象导致人工养殖的蜜蜂和野生蜜蜂的数量一直在不断下降，蜂群衰退直接影响现代农业生产进程。例如美国杏仁生产是重要且利润巨大的产业，全球有80%的杏仁由该国生产，2006年其杏仁出口估值为15亿美元。在加利福尼亚州的中央地带，上百公顷的巴旦木授粉工作需要来自全国各地的蜜蜂的参与。随着蜜蜂数量继续减少和巴旦木种植面积不断扩大，租赁蜂群授粉的价格也随之增加。在2004—2006年期间，蜜蜂给巴旦木授粉的价格从每群蜂54美元提升至136美元，直接影响到杏仁的成本。同时，巴旦木的种植面积始终在增长，1996年，在加利福尼亚州巴旦木的种植面积为17.5万 hm^2，但到2004年，这个数字已上升到22.3万 hm^2 万并且仍在不断增多。蜜蜂数量的减少以及在同一月份为不同作物传粉需求之间竞争的不断增加，已经成为非常棘手的问题，特别是把生产者和养蜂人卷入商业授粉之中。

蜂群运输和营养不良将严重危害蜜蜂健康状况。蜂群往往在18个轮子的平板卡车上放置几天，并被运往不同的时区，这会导致蜜蜂免疫系统受损。美国蜂群的数量从1940年的500万下降到1989年的200万，有研究指出造成这种情况的原因是由于农业经济转变所造成的。然而，蜂群的消失，是一个复杂的问题。例如，1987年美国所提出的瓦螨诱因，因为该寄生虫给野生蜂群带来几乎毁灭性打击，农民不得不靠租蜂群来维持正常的农作物授粉。这导致了养蜂业的大规模发展，这也导致蜜蜂疾病集中暴发的诱因之一。

七、营养不良

人们通常在攫取蜂群内产出的同时，用营养价值相对较低的蜂粮替代品补偿给蜂群，很容易造成蜜蜂营养不良。在春季，人们倾向于选择美国西部地区的蜂群来给扁桃授粉，而选择北方、中西部和东部的蜂群来给其他需要授粉的作物授粉，其中包括蓝莓。这是一项十分繁重而浩大的工程，同时也在不断削弱蜜蜂的免疫能力。尽管如此，商业养蜂人为了赚取固定收入，为大面积农业作物生长开展商业授粉活动依然势不可挡。许多商业养蜂人在长途运输蜂群进行作物授粉过程中，在运输过程中使用高果糖浆和大豆蛋白饲养蜜蜂。然而，这些食物与具有多种酶活性物质和营养丰富的蜂蜜和花粉相差甚远，即这样的蜂群缺少所需营养。饲喂人工花粉和其他补充剂有可能会使蜜蜂数量增加，但这些蜜蜂不会像食用混合花粉的蜜蜂那样健壮。

多年来在国家之间或国内一直存在长距离运输蜂群的情况，蜂群运输是蜂群营养不良的一个诱因。有学者认为大多用于商业授粉的蜂群被放置的地方，是蜜蜂很难采集到足够的花粉的位置；而蜂群要保持健康与强势是需要大量的、多样的花蜜和花粉。

另外，蜜蜂的栖息环境不断遭到破坏，花粉与花蜜多样性减少，两者均能导致蜂群的衰退。在过去的一个世纪，大规模单一作物栽培已成为很多国家最为普遍的农业生产方式，这种方式导致了野生植被的数量减少。这就影响到了蜜蜂，因为它们要从各种不同种类的植物中获取花粉和花蜜。同时，城市开发力度的加大将引起更多蜜蜂栖息地的减少，这也可能影响到蜜蜂和其他拥有特定觅食方法的授粉物种。例如，数量比较少的花可能会被寻找大片花朵的授粉者们所忽略，因此导致这些花朵接受授粉服务的程度减少。研究蜜蜂栖息地退化的生物学家推断，物种的消失可能是由生态系统的改变造成的。他们还认为像蜜蜂这样的物种的衰竭，很可能与授粉植物的分布失调有关，不过这还需要进一步研究证实；因而，针对蜜蜂的健康状况，尤其是在它们缺乏多样化的食物方面还需进一步研究。

八、蜜蜂种群遗传多样性的降低

虽然营养不良、蜂螨危害和蜂群衰竭失调现象是蜜蜂消失的主要诱因，但是蜜蜂基因遗传多样性的丧失问题也逐渐凸显。自然条件下，野生蜜蜂通过复杂而严格的选择过程进行交配与繁殖，以维持其遗传多样性，并产生对寄生虫和病害的抗性；而为得到某一性状的蜂种，人工育种利用同一程序进行蜂种繁育，导致蜜蜂遗传多样性的丧失，并增加了蜜蜂疾病的遗传性及对病害的易感性。

在美国商业养蜂产业仅依赖于约 500 名培育蜂王的饲养员来培育数百万的蜂王供给整个行业使用，此方法存在着“遗传瓶颈”问题。尽管这样的蜂群在短时间内对寄生虫和病原体有很强的防御能力，但是在后期其遗传多样性的丧失可能导致蜜蜂更易感染新出现的疾病。

多数情况下，蜂群能够安全度过病毒传染期，因为工蜂自身具备不断清理患病幼虫或死蜂的行为，然而，复杂的蜂群基因遗传多样性还是必需的。蜂王控制着整个蜂群的基因库，它在飞行交配时，平均与 12 个雄蜂进行交配，并连带自身的基因储备，共同构建了整个蜂群的基因库。对蜜蜂的遗传多样性和疾病易感性之间的关系方面，大量研究报道指出蜂群的遗传多样性越高，蜜蜂对寄生虫和病原的恢复和抵抗力就越强。这源于基因多样性使工蜂会具备更多样的适应性行为，如让工蜂拥有更高效的环境清理行为而能让蜂巢内的幼虫有更高的存活率。然而，蜂王人工授精和驯养蜜蜂，使得蜜蜂基因库变得越来越小，蜜蜂受到寄生虫和病原体的感染变得越来越常见。

九、杀虫剂

农药特别是新烟碱类的杀虫剂被普遍认为是造成蜂群衰退的

主要原因之一。现代农业依赖大量的化学农药来确保作物高产。同时，由于蜂螨和蜜蜂病毒分布范围极广，养蜂人不得不经常性的使用杀螨药和其他化学物质来防治蜂群病敌害。因此，蜜蜂在采集过程和患病时会接触到多种杀虫剂。

（一）新烟碱类杀虫剂

蜜蜂作为自然界重要的授粉昆虫却受到诸多杀虫剂的侵害。目前，绝大部分杀虫剂属于神经毒剂，它们是昆虫神经细胞的后突触烟碱乙酰胆碱受体（Nicotinic acetylcholine receptors nAChRs）的激动剂，其杀虫机制为通过阻断昆虫中枢神经系统的正常传导使其出现麻痹甚至死亡现象。新烟碱类杀虫剂是引发CCD的重要原因之一，尤其是其代表品种吡虫啉，其次是噻虫胺（Clothianidin）和噻虫嗪（Thiamethoxam）。已知吡虫啉被广泛用作种衣剂，可随植物生长扩散到植物各个组织，包括花粉和花蜜，在正常环境中的剂量对蜜蜂虽不致死，但在体内长期积累会影响其飞行、导航、嗅觉、记忆、采集和分工协调等能力，并且引起的症状与CCD一致。据报道噻虫嗪和吡虫啉分别影响蜜蜂返巢能力和熊蜂蜂王数量，并且LuCs等模拟实际环境饲喂蜜蜂吡虫啉，蜂群出现CCD现象。FarooquiT也指出以生物胺为靶标的杀虫剂（包括新烟碱类和甲脒类）与CCD有关。而该观点也存在争议，比如有些国家禁用此类杀虫剂后却发生了CCD。

吡虫啉（IMD）由拜耳公司研制，主要是用于田间害虫预防、种子处理和喷雾杀虫。1994年，吡虫啉在美国登记注册，而后被广泛使用。该药剂类似于滴滴涕，在某种意义上，它们都是神经毒素。尽管蜜蜂不是此药剂目标昆虫，但同样受害严重。有报道指出100μg/L吡虫啉将会扰乱蜜蜂通信能力，进而导致蜜蜂觅食活动的减少。以往研究多集中在吡虫啉对成年蜜蜂的急性致死率的测定；研究方法为LD_{50}（或LC_{50}）以及幼虫封盖率、化蛹率和羽化率等指标的测定。

（二）杀虫剂与蜜蜂

基于欧洲食品安全局（EFSA）所做的风险评估，为保护种群数量减少的蜜蜂，2013 年 5 月欧盟委员会（EC）通过了三种新烟碱类杀虫剂——噻虫胺、吡虫啉和噻虫嗪在吸引授粉者的农作物上禁用 2 年的决议。2013 年 8 月，两家公司均对欧盟委员会提起诉讼。EFSA 评估的重点是杀虫剂对蜜蜂危害的三条主要途径进行风险评估：施过药的植物花蜜和花粉中的农药残留；种植含杀虫剂的种子时或颗粒杀虫剂施用时产生的颗粒；施过药的植物汁液中的农药残留。他们发现，在这三种情况下均对蜜蜂生存构成威胁。

此结果与这些农药先前的风险评估结论不同的原因主要有两个。第一，EFSA 参考了杀虫剂对蜜蜂风险评估指导文件的科学意见。这一意见建议应当对蜜蜂进行更全面的风险评估，并概述了当前测试方法的不科学之处。EFSA 的科学家就三种农药对蜜蜂、熊蜂和其他授粉者具有亚致死和急性毒性问题评估了以前欧盟活性物质审批数据、各成员国授权这三种产品的数据以及自 2000 年以来出版的科学文献。研究表明，实际施用量的烟碱类农药可使蜂群引起广泛的亚致死效应。这些不良影响包括觅食能力减弱，幼虫的孵化率、嗅觉记忆、学习能力、飞行以及导航能力的损伤。杀虫剂的毒性还会通过结合东方蜜蜂微孢子虫这样的传染性病原体而危害更大。以熊蜂为研究对象，已证明田间实际水平的吡虫啉会损害蜂王繁殖，降低工蜂发育速度以及采集效率。因种植含杀虫剂的作物种子造成蜜蜂中毒，这可能与意大利、德国、奥地利以及斯洛文尼亚等国家蜂群大量损失有关。1995 年，法国第一次出现蜂群下降迹象；1999 年，该国限制吡虫啉在向日葵上拌种使用，2004 年又限制其在玉米上拌种使用；但是法国专家委员会得出吡虫啉不宜施用的结论是在 2003 年。

直到新烟碱类杀虫剂在法国限制使用13年后的2012年，EFSA才强调有必要对现存的欧洲的农药安全测试标准进行审议。

（三）吡虫啉对蜜蜂脑神经细胞凋亡的影响

细胞凋亡（Apoptosis），又称Ⅰ型程序性细胞死亡（Programmed cell death I，PCDI），是指机体正常生理状况下细胞自主有序地死亡，一旦该程序受到影响，机体通常会出现各种病理变化，因而通过检测细胞凋亡情况可以获知细胞受损害的程度。TUNEL法（Terminal deoxynueleotiodyl transferase mediated dUTP nick and end labeling，原位末端标记法）可对凋亡细胞染色体DNA断裂后出现的3′-OH黏性末端进行检测；另外，Caspases家族（Cysteine aspartic acid specific protease family，天冬氨酸特异性半胱氨酸蛋白酶家族）的激活是细胞凋亡的典型特征。细胞凋亡技术在蜜蜂领域主要应用于蜜蜂幼虫、蛹和成虫的发育研究，包括对其唾液腺、中肠和卵巢等部位细胞凋亡情况的研究，也有报道指出多种杀虫剂（包括吡虫啉）对蜜蜂幼虫中肠细胞凋亡具有显著影响。然而，吡虫啉作用靶标位置为昆虫神经系统，因而有关吡虫啉对蜜蜂脑神经细胞影响的研究更有针对性。另外，以往研究多采用石蜡切片技术，但冰冻切片更利于保持抗原活性；在切片厚度相同即细胞的清晰度相近时，冰冻切片使细胞状态更接近真实情况。

本书作者吴艳艳等人以吡虫啉为供试杀虫剂，成年意大利蜜蜂工蜂为试验对象，冰冻切片为载体，利用TUNEL法和Caspase-3免疫荧光法检测蜜蜂脑神经细胞的凋亡和Caspase-1激活情况，并在超微水平观测凋亡细胞形态变化，在细胞水平探求新烟碱类杀虫剂对蜜蜂的影响，为利用细胞凋亡法建立杀虫剂对蜜蜂毒性的评价体系提供一定的理论基础。

1. 新烟碱类杀虫剂　新烟碱类杀虫剂因对昆虫高毒对哺乳动物低毒，目前广泛应用于田间，而同时对非靶标生物存在威胁。使用较广的新烟碱类杀虫剂，包括噻虫嗪、啶虫脒和吡虫啉均对成年意蜂行为（学习、记忆和运动能力）产生不利影响。

另外，由于试验条件的差异，即使在杀虫剂和试验对象相同的情况下所获得的 LD_{50} 和相应亚致死剂量仍不同，该研究以宋怀磊获得的吡虫啉实验数据为基础，以 9.90ng/只蜜蜂为测试剂量，结果表明相应剂量吡虫啉能够诱导成年意蜂工蜂脑神经细胞凋亡，凋亡存在时间效应，这在细胞水平证实吡虫啉在亚致死剂量时对意蜂具有慢性神经毒性，且推测神经毒性作用导致其行为的改变。

2. 成年意蜂工蜂脑神经细胞的分布与功能　昆虫脑组织主要由神经细胞和神经纤维束形成各个部分，且各部分的功能随部位各异又相互联系。成年意蜂工蜂脑部由前脑（Protocerebrum）、中脑（Deutocerebrum）和后脑（Tritocerebrum）组成。在脑间部（Pars intercerebralis）分布着大量神经细胞，它们随部位不同而具有不同凋亡特性。此外，在特定杀虫剂作用下，意蜂幼虫不同部位（包括唾液腺、卵巢和中肠）和细胞类型（正常细胞和增殖细胞）的细胞凋亡特性不同；研究结果也表明在意蜂脑组织不同部位的神经细胞凋亡率不同，且超微结构也显示蕈状体周围和视神经交叉区域的神经细胞的内部构成不同，前者细胞内部线粒体数量明显高于后者，而线粒体是细胞的能量工厂，线粒体越多代表细胞越活跃，据此推测蕈状体较视叶行使的功能更复杂或频繁。同时，表明按脑功能和结构选取特定部位进行总凋亡率计算，较以往随机选取视野的方法更加全面和准确。还有，成年意蜂脑神经细胞和幼虫体细胞凋亡检测方法不同，前者需通过苏木素-伊红方法区分神经胶质细胞与神经细胞。另外，由于成年意蜂脑神经细胞通常无活跃的增殖现象，因而仅对神经细胞凋亡或者坏死进行观测。

3. 成年意蜂工蜂脑神经细胞的凋亡和自噬

（1）脑神经细胞的凋亡　作为凋亡效应器的 Caspases 在激活后，主要对凋亡过程中 DNA 裂解和细胞形态的改变起关键作用。意蜂基因组中已知的 Caspases 家族蛋白仅有 Caspase－1（Protein ID：XP39569－7.2），编码 298 个氨基酸，并具有保守五肽结构域 QACQG，与人 Caspase-3（Protein ID：NP004337.2）氨基酸序列一致性为 42%，且均具有 Asp175 酶切位点；这与家蚕（Bombyx mori）情况相似，且家蚕 Caspase－1（GenBank 登录号：AF44S494）活性可被 Caspase－3 抑制剂所抑制；另外，在海灰翅夜蛾（*Spodoptera littoralis*）和草地贪夜蛾（*Spodoptera frugiperda*）Sf9 细胞内，Caspase－1 能够与兔抗激活型 Caspase－3 多克隆抗体特异结合。因此，本书作者吴艳艳利用兔抗激活型 Caspase－3 单克隆抗体进行了免疫荧光染色，结果表明经口摄入亚致死剂量吡虫啉（9.90 ng /头）引起成年意蜂工蜂脑神经细胞内 Caspase－1 激活的阳性细胞率表现出时间效应；在处理 3 d 时即出现显著性差异，早于凋亡出现显著差异的时间（9 d），因此，Caspase－1 持续作用于凋亡过程的早、中和晚期，而 TUNEL 法检测的 DNA 片段化出现在凋亡晚期；同时，神经细胞凋亡率与 Caspase－1 阳性细胞率成正相关性。由此可见，意蜂脑神经细胞凋亡途径与 Caspase－1 的激活相关。另外，透射电镜观测到的凋亡特征包括细胞核固缩，染色质呈点状分布且具有不同程度边集现象，凋亡小体出现；因此，在细胞水平和超微结构均证实亚致死剂量吡虫啉能够诱导成年意蜂工蜂脑神经细胞凋亡，且与 Caspase－1 依赖型凋亡相关。

（2）脑神经细胞的自噬　该研究结果还表明，经亚致死剂量吡虫啉处理后成年意蜂工蜂脑神经细胞具有 Caspase－1 依赖型凋亡和自噬的双重特征。自噬又称为Ⅱ型程序性细胞死亡，在某些情况下细胞凋亡与自噬可交替或同时发生。意蜂化蛹过程中其唾液腺细胞凋亡和自噬过程重叠，且其自噬特征包括细胞内出现细胞质空泡（Cytoplasm vacuolation）、自噬泡（Autophagic vacuole）和细胞核降解延迟等，本研究观测结果与其相似，意蜂脑神经细胞发生的自噬包括大自噬（Macroautophagy）中线粒体自噬（Mitophagy）和自噬泡自噬，也未见被膜包裹的细胞核碎片；另外，烟草天蛾（*Manduca sexta*）化蛹时跗节牵引肌神经细胞出现自噬现象，且细胞呈现大量的自噬体、线粒体固缩和细胞核解体等现象；该研究结果与其不同点为线粒体肿胀，并被自噬泡包裹后形成线粒体自噬体；推测意蜂脑神经细胞中线粒体自噬体和自噬泡的内部物质会在溶酶体的作用下逐渐降解，并最终由其他细胞吞噬进行循环利用，而无线粒体固缩和细胞核解体现象；这也再次证实细胞凋亡和自噬可发生重叠并引起程序性细胞死亡，而两者共同作用所呈现的特征在不同条件下有可能不同。

杀虫剂能否引起昆虫细胞损伤取决于多种因素的影响，其中较为关键的因素为杀虫剂的穿透性、靶标识别力、作用机制和饲喂剂量等。昆虫血淋巴与神经系统之间的膜，能够阻断离子通过，因而杀虫剂的离子化程度越低越利于对膜的穿透性；吡虫啉在生理酸碱度条件下，仅有极少量被质子化，因而极易进入昆虫神经系统。此外，吡虫啉能够自动识别意蜂脑神经细胞内的nAChRs，并在不同类型神经细胞内充当全部或部分激动剂。同时，亚致死剂量吡虫啉对蜜蜂毒性具有剂量效应。因而，为完善新烟碱类杀虫剂对蜜蜂毒性的评价体系，还需扩大吡虫啉亚致死剂量的测试范围以及进行体外细胞毒性研究。

（四）吡虫啉对意蜂学习行为的影响

蜜蜂是有益的社会性昆虫，既能提供有价值的蜂产品，又是植物授粉的主力军，但由于农药的大量使用，引起蜜蜂中毒事件逐年增加，因此，农药对蜜蜂的风险评估显得极为重要。急性中毒会导致蜜蜂死亡，而慢性中毒则会导致蜜蜂在生理和行为等方面发生一系列异常的变化。农药对蜜蜂风险评估既要考虑急性毒性也要考虑亚致死效应。已报道的亚致死效应研究发现，农药会对蜜蜂生理、行为、生存和发育的影响。行为效应包括从气味识别、回巢行为破坏引起的采集蜂消失等。蜜蜂的学习能力和嗅觉敏感性的改变，值得在实验室条件下开展研究。

在实验室条件下，触角蔗糖刺激引起的喙伸反应（Proboscis extension reflex，PER）作为研究蜜蜂学习行为的经典方法，用来评估农药对蜜蜂的学习行为效应。喙伸反应是测定蜜蜂嗅觉学习行为的经典方法，可用来测定农药及转基因植物对蜜蜂学习行为的影响。通常，在生态毒理学中与蜜蜂行为相关的细致描述较少，尤其是关于准确测试采集行为的改变。行为毒理学研究的关键问题是缺乏标准的方法。喙伸反应试验再现了蜜蜂与植物的相互作用，当位于触角或口器上的感受器受到花露刺激时，采集蜂发生伸吻反射。这种反射导致的摄取花蜜和随之而来的花香气味诱导记忆。一旦记忆成功，该气味在下次采集中将成为一个关键角色。因此，嗅觉学习行为直接关系到蜜蜂的采集效率。工蜂的学习是整个蜂群采集成功的先决条件，这种学习行为可用喙伸反应来测试。喙伸反应在人工条件下成功地再现，已成为一种研究嗅觉学习行为的有效工具。因此，在保证蜜蜂饲养条件和控制农药暴露剂量的条件下，喙伸反应可用于测试农药对蜜蜂的学习行为效应。

本书作者代平礼等通过喙伸反应测试亚致死剂量吡虫啉对意大利蜜蜂嗅觉敏感性和学习行为的影响，从而为研究杀虫剂对蜜蜂的亚致死效应提供参考。蜜蜂对蜜源丰富程度的判断主要取决于蜜蜂对不同浓度糖的敏感程度，因此蜜蜂嗅觉的敏感性对蜜蜂来说十分重要。学习行为在蜜蜂采集初期很重要，一些化学杀虫剂影响采集蜂的学习和气味识别能力，从而影响到整个蜂群。该研究检测了亚致死剂量吡虫啉对意大利蜜蜂嗅觉学习和记忆行为的影响。吡虫啉分别以 0.1、0.15、0.65 ng/蜂三种剂量滴蜜蜂背板，最高浓度为室内毒力测定 LD_5 的 1/10。结果显示，0.65 ng/蜂剂量吡虫啉滴背板后，蜜蜂对稀糖水的敏感性显著降低。0.15、0.65 ng/蜂剂量吡虫啉对蜜蜂学习行为有影响。结果表明亚致死剂量吡虫啉对意大利蜜蜂的学习行为有显著影响，这与已有报道结论相似。亚致死剂量吡虫啉降低了蜜蜂嗅觉敏感性，影响蜜蜂的移动速度从而影响蜜蜂的回巢，进而影响蜜蜂采集行为。吡虫啉（0.65 ng/蜂）降低了蜜蜂对蔗糖的敏感性，同时对学习行为有显著影响，因此该剂量吡虫啉可作为研究一些环境有毒有害物质对蜜蜂学习行为影响的阳性对照。

在实验室饲养条件下，试验蜜蜂的食物质量和嗅觉环境必须严格要求，因为这些因素可能影响到试验中农药的敏感性和学习行为测验的喙伸反应率。已有一些专家利用喙伸反应试验研究了多种杀虫剂对蜜蜂嗅觉敏感性和学习行为的影响。亚致死剂量的溴氰菊酯（Deltamethrin）导致蜜蜂对蔗糖的敏感性降低，氟虫腈（Fipronil）、噻虫嗪、啶虫脒限制了蜜蜂的运动、感觉和认知能力，氟虫腈、溴氰菊酯、硫丹（Endosulfan）和咪酰胺（Prochloraz）降低了蜜蜂的学习能力。这些研究结果表明，喙伸反应是评估农药对蜜蜂行为的有效手段，因为这些指标可用于比较农药在不同浓度下对蜜蜂行为的影响。

另一种对蜜蜂高毒的新烟碱类杀虫剂为噻虫胺。该杀虫剂由拜耳公司研制生产，并于2003年获准注册登记。噻虫胺多用于玉米、大豆、甜菜和向日葵等作物害虫的防治，也作为种衣剂使用，目前应用也较为广泛。自产品上市以来，销售额已远超3亿美元。通常，在农药批准上市之前，制药公司需提交一份该农药对蜜蜂无害的报告声明。2008年，EAP指出该杀虫剂对蜜蜂的毒力测试试验存在缺陷，还需进一步进行评估。此外，据商业养蜂人戴夫·哈肯伯格陈述，由于杀虫剂的影响，蜂群内没有足够的采集蜂，使得处在哺育期的蜜蜂开始出巢觅食，因而，他们的蜜蜂多数能存活30d而非42d。

此外，有报道指出，在蜜蜂、蜂蜡和花蜜中检测到121种不同的农药。养蜂人担心其蜜蜂接触到杀虫剂后可能受害严重。大多数杀虫剂都可能影响到蜜蜂健康；并且药物残留分析表明，表面看似健康的蜂群要比正在衰退的蜂群存在更多的农药残留。尽管有的化学物只对蜜蜂具有亚致死影响，然而，更深入清晰地了解农药和蜂群衰竭失调之间的关系是十分必要的。

（五）我国常用农药和杀螨剂对意蜂毒力测定

我国饲养蜂群约790万群，其中意大利蜂群约600万群，是蜂业生产的支柱，也是作物授粉的主力军。由于农药的大量使用，蜜蜂中毒事件逐年增加，这使养蜂业蒙受重大的经济损失，也使一些农作物因为得不到充分授粉而致使其产量降低和品质下降，影响农业收益和生态效益。因此，农药对蜜蜂毒性的风险评估显得极为重要，这既要考虑急性毒性，也要考虑农药实际应用到大田时对蜜蜂的亚致死效应的影响。周婷等将电生理学技术应用到室内农药对蜜蜂的风险评估，关于半大田和大田水平上的风险评估方法已有报道。欧盟利用室内数据和半大田与大田数据得来的危害商值（Hazard Quotient，HQ）和蜜蜂行为的改变来进行风险评估。危害商值等于农药使用剂量（g/hm^2）与LD_{50}（μg/只蜜蜂）的比值。如果在某个区域蜜蜂取食或接触农药的危害商值超过50，或者对蜜蜂幼虫、蜜蜂行为或蜂群生存与发育产生影响，则在该区域该农药不会被批准应用。我国农药对蜜蜂的风险评估主要集中在急性毒性试验，亚致死剂量农药对蜜蜂的影响应该受到更多的重视。

已报道的农药对蜜蜂的亚致死效应包括对蜜蜂行为、蜂群生存和发育的影响，其中行为反应包括气味识别和回巢能力（如受损可引起采集蜂消失）的评估。半大田和大田研究的开展需对蜂群暴躁反应和关乎蜂群发育和生存的巢门护卫行为及蜂群的采集行为进行常规观察。有些行为反应在半大田和大田水平无法进行研究，因此实验室条件下的亚致死效应也需受到重视。据报道，某些行为反应仅在大田施药后的短期内出现，因而，亚致死效应带来的长期效果还需进行后续评估。

现阶段，在所有蜜蜂病虫害当中，以外寄生螨对蜂业生产的危害最大，每年因蜂螨防治不力而直接导致蜂场绝收甚至破产的事例屡见不鲜。拟除虫菊酯自 20 世纪 70 年代出现以来，以高效、低毒、效应广谱而取代有机磷农药在农业上广泛的应用。联苯菊酯、溴氰菊酯是拟除虫菊酯的典型代表。联苯菊酯既能杀虫又能杀螨，击倒作用快，持效期较长。对棉花、蔬菜、果树、茶树等的鳞翅目、同翅目害虫和植食螨类有良好的防治效果。溴氰菊酯广泛用于防治棉蚜、棉铃虫等农作物害虫、家畜体外寄生虫病以及杀灭环境、仓库等卫生昆虫。联苯菊酯和溴氰菊酯在害虫防治中应用广泛，但未见到对蜜蜂毒理方面的研究报道。蜂螨防治目前主要采取药物防治方法，双甲脒和氟胺氰菊酯由于高效、低毒、低残留的特点，是目前养蜂生产中最常用的杀螨剂。关于双甲脒和溴氰聚酯对蜜蜂的影响国内外报道较多的是有关抗药性方面的研究，虽有少量有关毒理方面的报道，但由于方法的不一致，多种农药对蜜蜂的毒性很难进行比较。

因此，本书作者代平礼等人采用摄入法开展了这四种农药对蜜蜂的毒力测定试验。该试验用杀虫剂联苯菊酯、溴氰菊酯、杀螨剂双甲脒和氟胺氰菊酯对意大利蜜蜂工蜂进行室内毒力测定，了解我国目前农田常用杀虫剂和蜂群常用杀螨剂对意大利蜜蜂的毒理，为防止蜜蜂中毒和指导治螨用药提供参考。研究结果表明，按照我国农药对蜜蜂的毒性等级划分标准：剧毒 $LC_{50} \leqslant 0.5$，高毒 $0.5 < LC_{50} \leqslant 20$，中毒 $20 < LC_{50} \leqslant 200$，低毒 $LC_{50} > 200$。联苯菊酯对蜜蜂为高毒，溴氰菊酯为中毒。如果在蜜蜂采蜜采粉时，应用联苯菊酯和溴氰菊酯防治大田作物害虫，则可能引起蜜蜂中毒死亡。为了避免发生农药中毒，养蜂场和施用农药的单位应密切合作，共同制订施药时间，不喷雾到花期作物上就不会对蜜蜂造成危害，这样既达到施药效果又不让蜜蜂中毒的结果。对发生严重中毒的蜂场应尽快包装蜂群，撤离施药区。双甲脒和氟胺氰菊酯对蜜蜂低毒。按照正常的治螨剂量不会对蜜蜂造成危害，但应禁止在生产期施用，以免残留在蜂产品中，危害消费者的身体健康。

（六）农药对蜜蜂行为的影响

每群蜜蜂有成千上万只工蜂，大量工蜂在采集期间接触多种污染物，因此蜜蜂作为生物指示器在环境检测中广泛应用。蜂群中使用的蜂药以及蜂群经常处在的农业生态系统中应用了农药，这些农药会引起蜂群农药中毒并成为导致蜂群下降的主要原因之一。农药对蜜蜂的安全性评价包括实验室水平上的急性毒性和慢性毒性研究，以及更高层次的半大田和大田水平上的研究。农药对蜜蜂的风险评估在实验室水平上的指标主要是死亡率。然而，进一步的证据显示死亡率曲线和亚致死效应不是简单的剂量关系。新烟碱类杀虫剂吡虫啉在低剂量时显示出双向性死亡率，高剂量下死亡率延缓。由于农药尤其是杀虫剂在亚致死剂量下使蜜蜂个体的性能减弱而且使种群动态紊乱，因此，越来越多的政府机构和专家意识到农药对蜜蜂的亚致死效应尤其是长期效应更应该受到重视，其中农药对昆虫行为的影响是最易观察到的农药对昆虫影响。

农药对昆虫行为的影响包括生殖、搜寻宿主和取食、扩散和常规运动、杀虫剂的敏感性。国外已有关于农药对蜜蜂亚致死效应的研究。经济合作发展组织（OECD），欧洲和地中海植物保护组织（EPPO）以及美国联邦环保署（EPA）制定了相关的实验室标准。OECD 和 EPPO 指导方针要求记录蜜蜂异常行为，以及反常的蜜蜂数量。EPA 蜜蜂急性毒性指导方针草案有更多的规定，中毒征兆、其他异常行为，包括混乱、无力和超敏反应，试样应该记录每个剂量下的测试期、起始时间、持续时间、严重程度和受影响的数量。国内未见这方面的报道。本书作者代平礼等人通过概述农药对蜜蜂的亚致死行为效应，希望为进一步的风险评估提供参考。

1. 对蜂王行为的影响 农药对蜂王产卵、越冬存活以及蜂群换王能力有明显的影响，从而对蜂群的生存造成了潜在的威胁。Haynes 评述了神经杀虫剂对昆虫生殖行为的影响，包括昆虫生长调节剂在内的多类杀虫剂使子代的产量降低。农药可能影响蜂王的生殖力。以 2ng/蜂溴氰菊酯处理雌苜蓿切叶蜂（*Megachile rotundata*）后 6 周内，切叶蜂产卵量减少了 20%。饲喂新烟碱类杀虫剂吡虫啉的蜂群，产卵周期和幼虫与蛹的历期明显不同。1mg/L 乐果（Dimethoate）对蜂王产卵的影响很大。给蜂群饲喂 1mg/L 的呋喃丹（Carbofuran），蜂王在夏天可以育出少量子代蜂，不过越冬时死亡。呋喃丹、二氟脲（Diflubenzuron）和甲基对硫磷（Methyl parathion）处理蜂群，蜂王通常是蜂群中最后死亡的个体。蜂群饲喂 10mg/L 高灭磷（Acephate），因为护理工蜂数量减少导致蜂群较早失王，尽管可再建王台，但无法培育出新王。与此类似的是，蜂群饲喂 10mg/L 乐果导致蜂群无法培育新王来代替试验早期已死的蜂王。蜂群暴露在低剂量氯氰菊酯（Cypermethrin）下，蜂王自然交替率是 80%，显著高于对照的 30%。

2. 对蜜蜂幼虫的影响 研究农药对蜂群的影响，幼虫应该受到同等的重视。因为幼虫的减少对蜂群生存的危害比因采集蜂消失引起的危害更大。如果有足够的幼虫和哺育蜂，采集蜂能很快恢复。农药对幼虫的安全性评价已进行实验室和半大田试验。亚致死浓度呋喃丹和乐果影响了幼虫体重、化蛹率和乙酰胆碱酯酶活性。幼虫期接触乐果、马拉硫磷（Malathion）、西维因（Carbaryl）和杀菌剂克菌丹（Captan）可能导致成蜂形态的变化，例如个体变小、翅畸形、缺翅和残足。昆虫生长调节剂（IGR）也可导致幼虫畸形。

3. 对工蜂分工的影响 蜜蜂工蜂羽化后前三周从事巢内工作，接下来两三周进行采集。尽管日龄决定工蜂的行为，但是保幼激素对行为有调节作用。利用保幼激素类似物处理蜜蜂，结果显示工蜂的酿蜜和筑巢行为发生变化，咽下腺退化，采集行为提前。然而，采集行为的提前并未显著影响工蜂的采集性能。农药的使用对工蜂分工和寿命产生严重影响。当刚出房的幼蜂暴露在二嗪农（Diazinon）下时，工蜂分工包括采集和酿蜜受影响很大，而且寿命缩短了 20%。处理组蜂群相对于对照群，巢房清洁行为明显减少。研究表明，对蜜蜂工蜂分工的影响归因于低水平的解毒酶。

4. 对采集行为的影响 农药对蜜蜂采集行为例如舞蹈交流、回巢、定位和采集效率有影响。工蜂通常在半径 5 km 范围内利用气味搜寻蜜源，找到蜜源回巢后将蜜源的方位和距离通过舞蹈语言传递给其他采集蜂。整个过程包括记忆、学习、交流、导航和其他行为，例如整合界标。有机磷和氨基甲酸酯类杀虫剂影响了蜜蜂通过摇摆舞进行蜜源交流的能力。亚致死经口剂量（30ng/蜂）对硫磷（Parathion）影响蜜蜂与地心引力相关的定向能力，通过影响舞蹈角度而阻碍工蜂间食物源信息的交流。以 50 ng/蜂甲基对硫磷处理的蜜蜂访问距离蜂箱 7 m 远的饲喂器的频率增加，10 ng/蜂处理的蜜蜂访问频率先降低后增加。

采集蜂的归巢能力严重影响着蜂群生存，由于哺育蜂加入到采集蜂的行列而降低了幼虫的存活率。二氧化碳处理超过 2 min 影响蜜蜂的归巢，处理 30 s 或更长，降低生存和采集花粉的能力。因此，用定量处理的方法来了解对采集行为的效应是相当重要的。在实际的施药浓度下，拟除虫菊酯对采集蜂的归巢能力有影响。苄氯菊酯（Permethrin）处理的采集蜂一次归巢的有 43%，二次归巢的仅 4%，第二天早晨没有发现药剂处理过的蜜蜂（对照组有 89%）。大部分处理蜜蜂迷巢无法返回蜂群。这些蜜蜂显示出行为紊乱，例如在自身清洁上花更多的时间、颤抖舞、腹部弯曲转动、腹部清洁和比对照组蜜蜂花更少的时间进行采集蜜粉。溴氰菊酯通过影响飞行肌和协调能力改变了蜜蜂回巢能力。处理后采集蜂有 54% 对着太阳飞，81%不能在释放后 30 s 内回巢，对照组的平均回巢时间是 10 s。推断迷巢归因于不正确的空间感或趋光性增加或信息检索问题。他们认为蜜蜂未能注意或整合与太阳定位有关的界标图像。在较冷的气候条件下接触拟除虫菊酯，由于阻碍飞行肌生热而引起的抑制温度调节影响了采集蜂的回巢能力。有专家分析农药导致工蜂无法回巢，可能是引起“蜂群衰竭失调征”（CCD）的因素之一。吡虫啉通过干扰神经元信号传递而阻碍距离信息的交流。这些变化导致蜂群在 20μg/L 下采集能力降低，100μg/L 下 30～60 min 后采集能力受抑制；多数蜂群在 50μg/L 时采集能力立即丧失。

5. 亲属辨别　工蜂通过自身产生和从环境获得的信号来进行同群工蜂和外群工蜂辨别。然而，当环境线索消失时自身信号是蜂群间相互识别的唯一重要信号。研究发现，进行同群工蜂和外群工蜂辨别的信号来自食物、巢蜡或蜂王。许多蜂农和国家蜜蜂研究单位发现，采集蜂从施用除草剂和杀菌剂的大田采集回来后被驱赶在蜂箱外。从施药大田返回的蜜蜂被抵制的原因可能是蜜蜂赖以识别的环境信号被农药遮蔽。大量附着化学药剂的工蜂受到守卫蜂的攻击而死亡，其具体机理还需进一步的研究。

6. 对学习行为的影响　气味感知对于蜂群的生存是至关重要的。在实验室条件下，蜜蜂触角经蔗糖刺激引起的喙伸反应，此方法用于研究蜜蜂行为测试。该方法也用于评估农药引起的蜜蜂对蔗糖敏感性的影响，而嗅觉条件喙伸反应用来评估农药对蜜蜂嗅觉学习能力的影响。

亚致死剂量氟虫腈、噻虫嗪和啶虫脒限制了蜜蜂的运动、感觉和认知能力。0.01 ng/蜂的氟虫腈使蜜蜂无法识别可知的和未知的气味；1 ng/蜂时，降低了对蔗糖的敏感性。蜜蜂接触 0.1 ng/蜂的噻虫嗪 24 h 后，嗅觉记忆显著降低，在 1 ng/蜂剂量下虽对记忆没有影响但是损伤了学习能力，而且对蔗糖的应答性明显降低。接触啶虫脒（0.1μg/蜂和 0.5 μg/蜂）时蜜蜂活动和喙伸反应明显增多，1 μg/蜂啶虫脒损伤了嗅觉学习的长期记忆力。Decourtye 等采用喙伸反应检测比较了 9 种农药对蜜蜂学习能力的影响，结果显示氟虫腈、溴氰菊酯、硫丹（Endosulfan）和咪酰胺（Prochloraz）降低了蜜蜂学习能力，而氟氯氰菊酯（Cyfluthrin）、氯氰菊酯、氟胺氰菊酯（Fluvalinate）、唑蚜威（Triazamate）和乐果没有影响。氟胺氰菊酯对蜜蜂气味学习反应影响最小，氟氰菊酯（Flucythrinate）和氟氯氰菊酯影响最大，苄氯菊酯、氰戊菊酯（Fenvalerate）和氯氰菊酯影响居中。通过经典条件反射试验得知，杀螨醇（Dicofol）降低了蜜蜂的学习能力。

农药对采集蜂学习和气味识别能力的影响，降低了其寻找蜜粉源的能力，从而影响到整个蜂群。然而，蜜蜂个体试验和蜂群试验的结果并不是简单相关。吡虫啉降低了蜜蜂个体的嗅觉学习能力，而且影响了飞行能力和蜂群中的嗅觉辨别能力，但与后续的田间试验结果并不相关。因此，用实验室研究的结果来预测田间效应之前还需进行更多的研究。

7. 驱避性 很多昆虫通过改变行为来应对杀虫剂的危害，例如驱避性和减少取食量。Solomon 等研究了 21 种化合物（其中 10 种农药）对蜜蜂驱避性影响，驱性效果用驱性指数（Repellency Index，RI）[驱性指数＝（对照组取食的蜜蜂数 － 处理组取食的蜜蜂数）/处理组取食的蜜蜂数] 来表示。许多杀菌剂（例如克菌丹）溶在蔗糖溶液中对蜜蜂具有驱避性。很多证据表明胆碱酯酶抑制剂杀虫剂具有驱避性。以溶有亚致死浓度的涕灭威增效砜（Aldicarb sulfoxide）的蔗糖溶液处理蜜蜂，发现蜜蜂采集能力受抑制。拟除虫菊酯可能是应用最广的引起蜜蜂驱避性的农药。氰戊菊酯、氟氰菊酯、苄氯菊脂（Permethrin）、氯氰菊酯、乙酸苯酯（Phenylacetate-ester）和环丙烷羧酸除虫菊酯（Cyclopropanecarboxylate pyrethroids）对蜜蜂表现出相似的驱避性。对油菜喷洒氯氰菊酯后，蜂群采集高峰期的采蜜和采粉水平降低。喷洒剂量为 10 g/hm^2（有效成分/公顷）时，采集蜂数量减少了 60%，20 g/hm^2 时减少 85%，不过第 2 天时采集蜂数量便恢复如初。

在实验室和半大田水平上，Atkins 对 12 种化合物引起的蜜蜂驱避性进行了研究，发现大部分化合物在半大田水平产生的驱避性比在实验室内的要低。将川楝素（Azadirachtin）溶在蔗糖中，而后进行的半大田试验结果显示其对蜜蜂有驱避性，而大田实验中却没有驱避性。在实验室条件下，氟虫腈（100mg/L 和 500mg/L）对蜜蜂有驱避性，而在大田试验中应用氟虫腈（0.014 或 0.028 kg/hm^2）并未降低蜜蜂访花率。实验室和田间应用的差异可能由植物蜜源的吸引力超过农药的驱避性引起的。

甲基对硫磷除减少蜂群采集外，还引起巢门外的高死亡率。要确定驱避性导致采集力降低或由于采集蜂死亡而引起采集力降低是相当重要的。

（七）杀螨剂对蜜蜂的危害

蜜蜂作为重要的授粉昆虫，却受到诸多环境有毒有害物质的影响。有报道指出蜂群中应用的部分杀螨剂比蜂螨本身对蜜蜂的危害更严重。

1. 杀螨剂的危害　北美洲的蜂农已经严重依赖化学杀螨剂氟胺氰菊酯和蝇毒磷（商品名分别为 Apistan 和 Checkmite），这使得蜂螨普遍产生抗药性，并且蜂巢中残留了化学药物。蜂巢中化学药物的残留可能因为上述两种药物均具有亲脂性，因而它们易渗入蜂蜡并使得巢脾多年具有毒性，还可能因药物不断积累而使蜜蜂一直处在高浓度的氟胺氰菊酯和蝇毒磷环境中。约翰斯等人指出这两种药物的毒性可能存在协同增效作用，在先后使用上述两种药物后，它们对蜜蜂的毒性增强；在均为亚致死剂量时，同时使用能导致蜜蜂死亡。

早在 19 世纪 90 年代，很多商业和业余养蜂者就开始反映蜂王的活力和繁殖力下降，但目前问题仍未解决。该问题随杀螨剂的使用而上升。哈曼等人研究了氟胺氰菊酯和蝇毒磷对蜂王活力和生殖健康的潜在影响，得知处在高浓度上述药物中的蜂王，多数试验组的体重明显轻于空白对照组。对处理后的样品进行检测得知两种药物在蜜蜂体内的最高浓度分别出现在应用药剂量最高的试验组中，这证明了杀螨剂在巢脾中的持久性。

2. 氟胺氰菊酯条对蜂群的影响 柯里等人使蜂王和工蜂处在含有1%的氟胺氰菊酯的本顿笼中，3d后工蜂大量死亡，蜂王出现亚致死现象，7d后蜂王大量死亡。将处理3d或7d的蜂王分别放回蜂群，它们的自然交替现象与空白对照组差异不明显。但由于1%的氟胺氰菊酯处理7d的蜂王出现较高的死亡率，因而这提醒蜂王饲养者在运输蜂王时注意氟胺氰菊酯的使用。

3. 蝇毒磷和氟胺氰菊酯对蜂王幼虫的影响 将小幼虫转移到已知蝇毒磷和氟胺氰菊酯浓度（0～1 000 mg/kg）的蜡杯中，将杯和幼虫放到无王蜂群中饲养；记录蜂王的性成熟期以确定蜂群的接受程度。将成熟蜂王放入交尾室，收集交尾后的蜂王并引入蜂群，6个月后观察或解剖以确定交配成功率。蝇毒磷处理组中的蜂王在幼虫期处在100 mg/kg浓度时出现大于50%的死亡率，1 000mg/kg组中仅有一个蜂王成活；蝇毒磷主要影响幼虫的接受力、饲养和羽化前蛹的重量。高剂量的氟胺氰菊酯（1 000 mg/kg）同样使蜂王成活率显著降低。

4. 杀螨剂对雄蜂的影响 杀螨剂不但危害蜂王的活力，还降低雄蜂的存活力、繁殖力、身体和黏液腺重量以及精子的数量。西尔威斯特等人发现蜂群感染狄斯瓦螨或经氟胺氰菊酯处理后，存活到交尾年龄的雄蜂的死亡率高于空白对照组。伯利等人发现杀螨剂可降低雄蜂的精子活力，他们比较了雄蜂储存的精子处在蝇毒磷、氟胺氰菊酯、麝香草酚、桉树油和薄荷醇等杀螨剂中的活力，得知处在蝇毒磷的雄蜂精液6周后失去活性，而其他组与空白对照组精液活力无显著差异。

5. 杀螨剂使用的注意事项　人们尝试使用简单而“天然”的杀螨剂，如麝香草酚、蚁酸和薄荷。但即使是这些化合物在使用前也需仔细检查，例如，古兹曼等人发现使用蚁酸 10d 后会降低雄蜂的繁殖和生存能力。在使用 1～5d 时，工蜂会将雄蜂脾上许多卵移除。蚁酸处理后的蜂群较空白对照组的雄蜂数量减少一半以上，并且雄蜂羽化时间推迟了几天，这些雄蜂更易在性成熟前离开蜂群。两组雄蜂数量和存活力明显不同，羽化第 1 天时，空白对照组中雄蜂存活率 94％，蚁酸处理组为 97％；但到第 10 天时，处理组中雄蜂存活率 24％，这明显低于空白对照组 49％的存活率。即使在使用新型的“温和且安全的化学产品”时，也需留意化学杀螨剂潜在的协同作用，如同氟胺氰菊酯和蝇毒磷。由于巢脾中可能含有过去使用的多种杀螨剂，因此建议在饲养过程中有规律的更换巢脾。

十、其他因素

全球气候变化引起春季花期改变和流蜜期提前，进而影响蜜蜂的生存状况，这可能是引发 CCD 的原因之一。气候变化影响了蜜蜂的觅食行为。干旱将限制可饮用水的数量从而导致蜜蜂死亡的风险增加。同时，温暖的气候会导致寄生虫和病原体的增加。蜜蜂传染病的传播是蜂群面临的主要问题，加上气候的变化将使得情况变得更糟。全球温度正在稳定的提高，深入了解这种潜在的影响来采取积极主动的方式拯救濒危物种是十分必要的。

另外，蜜蜂体内特化的类磁铁物质起导航作用，会受到手机通讯设备和电力线辐射的干扰。低频磁场会降低蜜蜂磁场感应的灵敏度，而电磁辐射是否能直接引发 CCD 尚待研究。同时，此说法是存在争议的，有报道澄清，移动电话会对蜜蜂产生不利影响其实是一个错误的说法。这一想法起初是来自于两个德国兰道大学的两个科学家，他们主要研究的是辐射对蜜蜂的导航能力的影响，然而这项研究并没有使用手机，而是一个无绳电话基地。一家名叫《独立报》的英国报纸发表了一篇名叫“移动电话真的赶走了我们的蜜蜂吗?”这篇文章报道了科学家们声称手机正在干扰蜜蜂的导航能力，并且声称当周围有手机存在时蜜蜂拒绝回到蜂巢。类似的文章在国际上发表，使人们自觉地将手机和蜂群衰竭失调联系在一起。结果表明，独立报的作者们对移动电话的说法是错误的，因为他们在试验过程中没有使用手机。

十一、多种因素协同作用

目前，蜂群衰竭失调现象已持续 10 年之久，因而受到各领域的持续关注。2014 年 2 月，汤姆·菲尔波特在《琼斯母亲》（世界百强杂志）发表了相关报道，指出蜜蜂在近几年持续承受着诸多压力，主要指蜜蜂体外寄生虫——狄斯瓦螨（美国于 20 世纪 80 年代出现）、杀螨剂、杀虫剂、高果糖玉米糖浆（商业蜂群在冬季饲喂蜜蜂的饲料）和多种病源。

据报道，对熊蜂饲喂含有少量吡虫啉的花粉和糖浆，饲喂剂量为采集蜂在自然条件下能接触到的量，对空白对照和处理组蜂群的花粉采集能力进行比较。结果表明，处理组中回巢熊蜂 40％携带花粉，空白对照组为 63％，且处理组熊蜂带回的花粉比空白对照组少 31％。因而吡虫啉等神经毒剂能够导致熊蜂或其他昆虫出现携带食物回巢能力降低的现象，原因尚不明确，但食物减少意味着健康状况差，也使得授粉类昆虫更易感染多种病微生物。

蜂群衰退现象不是由单一因素引起，而是多种病原微生物与应激因子（Stress factors）综合作用的结果。范·恩格勒斯多普等人对 61 种可量化的因素（包括蜜蜂生理指标，体内病原数量和寄生虫水平等）进行试验，得知出现 CCD 的蜜蜂中肠内病原微生物数量明显多于无 CCD 现象的，并且未发现能单独引发 CCD 的因素。导致 CCD 的综合因素并不固定，但引发程序均遵从同一过程，即在某种或某几个因素破坏蜜蜂的免疫系统后，其他不利因素协同作用引起 CCD。

（一）蜂螨与其他病原物

蜂螨综合征（BPMS）是指蜜蜂受到蜂螨感染后蜂群的衰退现象，可在一年中的任何时候出现，蜂群通常同时暴发螨害和各种幼虫病，症状类似美洲幼虫腐臭病和囊状幼虫病，表现为患病蜂群子脾不整齐，蜂王出现自然更替，巢门口随处可见爬蜂，蜂群群势普遍很小等症状。据报道，蜂螨综合征可能与蜂螨所携带的病原物有关，但是它们的病原学以及蜂螨与寄主发病的关系仍不清楚。目前，研究较多的是蜂螨与蜜蜂病毒病、细菌病和真菌病之间的关系。

1. 蜜蜂患病率增加　为什么近几十年来蜜蜂疾病和寄生虫病变得越来越流行？直到现在，几乎所有的答案都指向瓦螨。该螨害在全世界范围内传播，最初此蜂螨是东方蜜蜂的寄生虫，但是 20 世纪中期被传播到了远东地区的欧洲蜜蜂蜂群中，并在同区域分布不同基因型蜂螨。其中朝鲜基因型蜂螨是危害最为严重的类型之一，由于国家之间的贸易往来以及作物授粉时蜂箱的转移，因此它的传播速度非常快。蜂螨是多种蜜蜂病毒的传播载体，包括急性麻痹病毒（ABPV）、以色列急性麻痹病毒（IAPV）、克什米尔病毒（KBV）和残翅病毒（DWV），因此，此螨在世界各地的快速传播被认为是蜜蜂病毒性疾病发病率增加的主要原因之一。

蜂群衰竭失调现象的主要特征是冬天损失较大，另外，由于工蜂失踪和蜂王飞逃导致幼年蜜蜂极少；除非有蜂螨存在，单独的病毒通常不会导致蜂群衰退，因而，人们普遍认为该现象由瓦螨和病毒协同作用引起的。据报道，在英国，蜂螨到来之前，

DWV 和 ABPV 很少引起蜂群衰竭症状。事实上，DWV 在蜜蜂群体普遍传播，几乎能在世界各地蜜蜂群中检测到，该病毒多引起隐性感染。该蜂螨与病毒协同作用似乎使蜜蜂体内 DWV 对蜜蜂的危害增强，它们通过协同作用抑制宿主免疫，呈现加重蜂群衰竭失调症状的趋势。相关因素引发机体免疫抑制，特别是受 NF－kB 控制的免疫通道，增加了蜂群内病毒传播风险，DWV 的感染已产生了消极影响。因此，由于传播媒介蜂螨可以在蜂群间传播转移，加重了病毒感染对蜜蜂个体及蜂群产生的消极影响。

2. 蜂螨与蜜蜂病毒 蜜蜂对很多病毒敏感，已知的有 5 种病毒和狄斯瓦螨有关，一种与武氏蜂盾螨有关，还有一种与梅氏热厉螨有关。这些病毒粒子可能一直潜伏在蜜蜂体表、体内以及蜂箱中，并通过蜂螨穿刺健康蜜蜂时留下的伤口感染蜜蜂，这也是受螨害侵染的蜂群容易受病毒攻击的重要原因之一。

急性麻痹病病毒：该病毒严重危害蜜蜂成蜂和幼虫，尤其危害那些被狄斯瓦螨同时寄生的蜂群。它们通过一种未知的机制被激活，当蜂螨寄生感染了该病毒的蜜蜂时，病毒在蜂螨体内大量增殖，这些携带病毒的蜂螨在取食健康幼虫或成年蜂时，使病毒得以大量扩散和增殖，最后导致整群衰竭。

克什米尔病毒：该病毒最初在克什米尔地区的东方蜜蜂体内发现，是一种分布广泛、危害大的病毒。与急性麻痹病病毒一样，它可能在有狄斯瓦螨寄生的情况下被激活，并大量繁殖。但克什米尔病毒在没有蜂螨寄生的澳大利亚也会导致蜂群死亡。来自加拿大和西班牙的克什米尔病毒毒株的血清学测试结果和急性麻痹病病毒相似。克什米尔病毒的病理学仍需进一步研究。

蜜蜂残翅病毒：该病毒首次在波兰报道，只要有狄斯瓦螨的蜂群，均能发现该病毒的存在。另外，中国的中华蜜蜂也感染该病毒。有研究者认为狄斯瓦螨在取食蜜蜂血淋巴时，将 DWV 病毒传染给健康的蜜蜂。

慢性麻痹病病毒：该病毒于1993年首次被报道，并与武氏蜂盾螨有关，其症状和感染武氏蜂盾螨症状非常相似。并且蜜蜂对该病毒的敏感性可遗传。该病具有2种症状：一种是蜜蜂颤抖，不能飞行，翅膀呈K形，腹部肿胀；另一种称之为“无毛症”，可以看到无毛，黑色光亮的蜜蜂在巢门口爬行。该病通常出现在定地养蜂场，发病条件和蜂螨感染的条件一样。在没有蜂螨感染的蜂群中，偶尔也出现该病毒的暴发，但在蜂螨感染的蜂群中，该病毒则显著性地增加。

为调查小蜂螨是否也携带、传播蜜蜂病毒，Dainat等对中国云南地区的梅氏热厉螨进行了研究，调查其体内是否存在DWV、BQCV、SBV、KBV、ABPV和CBPV，结果在梅氏热厉螨体内发现了大量的DWV病毒颗粒，因此认为小蜂螨也是传播DWV病毒的生物媒介。但这项研究只能说明在该时间段和该地区的小蜂螨体内除了DWV病毒外，没有其他病毒，而不能说明小蜂螨不携带其他病毒。可以通过人为向健康蜂群接种小蜂螨和相应病毒，使蜂群感染，再研究小蜂螨是否携带这些病毒及其在其体内的复制情况，以此来探讨小蜂螨是否也传播其他病毒。

其他与狄斯瓦螨相关的病毒还有云翅病毒（CWV），但其病理学还不清楚。还有研究证实了狄斯瓦螨中存在虹彩病毒，但该发现还未引起人们的充分重视。另有研究表明，狄斯瓦螨、IAPV和DWV综合作用可引发CCD。

在蜜蜂体内新分离到一种病毒，之前该病毒被认为只能感染植物。报道指出，来自美国和中国的科学家对6群健康蜂和4群将要垮掉的蜂群进行研究，对两者分离的病毒进行研究发现，非健康群分离到一种烟草环斑病毒（Tobacco ring spot virus）且感染率高，而健康群未检测到；6群未染病毒的蜂群均在冬季存活下来，而4群感染病毒的蜂群后期均垮掉。该病毒存在于花粉中，入侵蜜蜂不同部位并能复制；更令人不安的是，该病毒在瓦螨体内也能复制，因此会随瓦螨传播。现已知烟草环斑病毒是一种快速变异病毒，它的暴发和变异特性使其具有感染昆虫的能力；由于5%的已知植物病毒通过花粉传播，因此该类病毒具有寄主转移的可能性，包括转移到蜜蜂体内进而可能与CCD相关。这些病毒经瓦螨携带和传播，并引起蜜蜂免疫抑制，因而治螨对防治蜜蜂病害具有重要的意义。

3. 蜂螨与细菌 狄斯瓦螨可能传播黏质沙雷菌（*Serratia marcescens*），这种细菌会引起蜜蜂的败血病，如果让感染该细菌的狄斯瓦螨寄生蜜蜂幼虫时，会导致20%的健康幼虫感病。狄斯瓦螨也可能传播其他细菌，如蜂房哈夫尼菌（*Hafnia alvei*）。受狄斯瓦螨寄生的蜂群通常同时感染欧洲幼虫腐臭病（EFB），但狄斯瓦螨是否传播该细菌还未被证实，因为EFB是一种与应激相关的病症，蜂螨严重侵染的蜂群对EFB是敏感的。曾经在狄斯瓦螨体表发现过美洲幼虫腐臭病的孢子，但还不能证明狄斯瓦螨可传播这种病菌。

4. 蜂螨与真菌 真菌在蜂箱中随处可见，但寄生狄斯瓦螨的蜂群患白垩病的可能性似乎更大。这也可能是由于蜂螨的危害导致蜂群群势减弱、蜂子保温不够，而受冻的幼虫更易受到真菌的感染所致。

（二）杀虫剂与其他病原物

1. 杀虫剂与蜜蜂病原 自从杀虫剂首次在农业生产中用于控制害虫和杂草时，人们就开始担心它可能对蜜蜂和其他传粉者带来负面影响。一是蜜蜂是昆虫，因而也可能受害，就像杀虫剂对靶标害虫的作用一样。二是在集约化的农业生产实践中，除草剂降低了花朵的丰富程度和多样性，这对蜜蜂食物资源也有一定的负面影响。

蜜蜂高患病率在很多国家都屡见不鲜，况且蜜蜂病原物的高度变异性以及寄生虫的感染使蜜蜂自身免疫能力或者说抗病力变弱，这加剧了蜜蜂病害的传播和危害。在养蜂业悠久的历史记载中，蜂群数量在特定时期有过大量损失。在这方面，群体内的遗传变异对蜜蜂抗病能力、体内平衡调节、温度调节、防御寄生虫和整个蜂群的健康非常重要。

2. 杀虫剂与蜜蜂微孢子虫病　自从 1995 年在美国和 1998 年在欧洲蜂群中首次发现东方蜜蜂微孢子虫以来，大约在相近的时间新烟碱类杀虫剂被引入这些国家。用亚致死剂量氟虫腈或噻虫啉处理感染了蜜蜂微孢子虫的蜜蜂后，发现蜜蜂死亡率高于没有使用氟虫腈或噻虫啉的蜜蜂，但这种协同效应并不是由于昆虫解毒系统受到了抑制。例如，在亚致死剂量的吡虫啉处理下，随着剂量增加饲养的蜂群中个别蜜蜂体内的孢子虫增多且存在剂量效应；显然，这种杀虫剂能促进蜜蜂微孢子虫感染。为了进一步解释这一观点，奥福夫尔等人进行研究后发现，在蜜蜂微孢子虫感染的蜂巢中，氟虫腈和吡虫啉可抑制蜜蜂免疫系统相关基因，从而导致蜜蜂出现更高的死亡率。另一项研究也表明，在农作物和花朵中残留的亚致死剂量的杀菌剂，能够使蜜蜂感染蜜蜂微孢子虫概率增加 2 倍多。当少量病原体存在于健康的蜂群中时，蜜蜂通常可以通过先天免疫系统应对它；只有当蜜蜂接触农药的刺激时（包括在蜂巢中用于防治蜂螨留下的药物残留），会很难控制疾病感染。此外，在蜂巢里杀菌剂的残留和蜂群病毒性疾病之间有显著相关性。

现在清楚的是，内吸性杀虫剂和杀菌剂在蜜蜂微孢子虫病感染和传播中发挥一定作用。但也有不同观点，有报道指出在蜂群管理过程中，从蜂粮或蜂蜜中检测到的农药残留数据来看，其与蜂群失调现象并不相关。新烟碱类或氟虫腈残留并不总是在蜂箱中出现，因此被认为与蜂群的失调无关。只有有机磷蝇毒磷和其他杀螨剂总被检测到，但它们通过蜜蜂的 P450 解毒系统很容易被代谢掉，这似乎是跟目前蜂蜜中的黄酮类化合物槲皮素增强有关；因此，与能够直接杀死蜜蜂的新烟碱类和拟除虫菊酯杀虫剂相比，这些化合物给蜜蜂造成的风险较低。但在花粉和蜂蜜中，杀真菌剂的残留能提高蝇毒磷和杀螨剂的毒性，因此需进一步防范其风险。虫菊酯杀虫剂相比，其是蜜蜂死亡的直接原因，但在花粉和蜂蜜中，杀菌剂的残留可以提高其毒性，因此它们的风险也得到了进一步的关注。相比之下，Bacandritsos 等人研究发现，被狄斯瓦螨侵染的蜂群中，蜜蜂体内吡虫啉残留含量是 5～39μg/L，但并不知道这两个因素之间可能存在的关系。

杀虫剂能够抑制蜜蜂的免疫系统，而亚致死剂量杀虫剂增加病原物感染蜜蜂的作用机制尚不清楚。以往的试验研究表明，麦角甾醇抑菌剂（EIF），如扑克拉、氟菌唑和丙环唑等可能抑制蜜蜂细胞色素 P450 解毒系统，从而可以使噻虫啉、啶虫脒和菊酯的毒性增加几百倍，且蝇毒磷和唑螨酯的毒性增加数倍。不论单独使用或是结合吡虫啉使用，这些杀螨剂对蜜蜂运动能力和觅食行为均有负面影响。因此蝇毒磷、百里酚和甲酸能够改变蜜蜂的相关代谢反应，并且可能会影响蜜蜂个体或整蜂群的健康。这些涉及解毒途径，主要有细胞免疫应答和发育基因免疫作用。

3. 新烟碱类杀虫剂对蜜蜂免疫抑制的机理 目前新烟碱类杀虫剂与蜜蜂免疫系统之间的相互作用机制尚不完全清晰，迪·普利斯科等人证明，在昆虫体内，亚致死剂量的噻虫胺通过NF－kB免疫信号负调节蜜蜂抗病毒防御系统；噻虫胺和吡虫啉产生的不利影响，主要是受此转录因子的调节。在蜜蜂受到隐性病毒感染时，新烟碱类杀虫剂通过抑制 NF－kB 活化，从而减弱蜜蜂免疫防御系统，进而促进蜜蜂体内病毒的复制（如 DWV）。而有机磷毒死蜱并不影响 NF－kB 免疫信号通路。这一发现极为重要，因为它揭示了在蜜蜂和其他昆虫中新烟碱类杀虫剂可能起到抑制免疫应答的作用。因此，新烟碱类杀虫剂可调节蜜蜂病原体的毒力，并可能扩展到调节昆虫先天免疫力。

最近有报道提出蜜蜂免疫模型，即蜜蜂蜂群中蜂螨种群数量的增加会使蜜蜂免疫抑制不断升级，进而可以加强不同应激因素的作用。在该模型中，任何不利影响因素（包括新烟碱类杀虫剂）均能通过影响蜜蜂免疫进而影响整个蜂群的健康状况。

因在空间、时间和潜在环境压力等多因素综合作用下，评估田间新烟碱类杀虫剂对蜂群的危害程度难度较大。然而，一项历时 11 年的大规模试验研究表明，英格兰和威尔士全国范围内蜂群损失与吡虫啉使用有显著相关性。这项研究利用确凿的试验结果说明新烟碱类杀虫剂与蜂群衰退并最终瓦解具有密切关联。欧盟的新烟碱类杀虫剂禁令带来的结果也证实这一假说；而如需确认这种趋势，还需更长时间的监测。

近期报道指出蜜蜂病毒和其他致病因素导致蜂群患病率上升，与此对应，新烟碱类杀虫剂对蜜蜂的危害在世界范围内也呈增长态势。该类药物残留物不仅在作物花粉和花蜜中被发现，而且在被蜜蜂取食的邻近植被、水坑和其他地表水，以及在美国和其他许多国家农业领域 50%以上的河流中被检测到。

4. 杀虫剂、蜜蜂微孢子虫、蜜蜂病毒和蜂螨　蜜蜂病毒并非是导致蜜蜂死亡的唯一原因。东方蜜蜂微孢子虫已经从亚洲蜜蜂传染给了欧洲蜜蜂，这对蜂群管理极为不利。有报道指出，此病原体给西班牙蜂群中造成了极高的死亡率。东方蜜蜂微孢子虫可以显著抑制蜜蜂的免疫应答，改变工蜂在蜂巢内的行为；当蜜蜂幼虫感染该病原后，可缩短其羽化成年之后的寿命，并且可减少蜜蜂归巢率。此外，它还可以感染野生熊蜂，且可导致高死亡率。

2010 年分离到的无脊椎动物彩虹病毒（Invertebrate iridescent virus，IIV）和东方蜜蜂微孢子虫也与 CCD 有关；两者单独作用较共同作用的致病力低，即具有协同增效作用。约翰逊还指出杀螨剂和真菌剂在同时作用时对蜜蜂幼虫的毒性高于单独作用之和。此外，蜜蜂在饲喂亚致死剂量的吡虫啉后，东方蜜蜂微孢子虫的感染率为空白对照组的 4 倍；吡虫啉对东方蜜蜂微孢子虫的感染能力具有促进作用，并且新烟碱类农药是目前被认为与 CCD 关系最为密切的因素之一。其他因素组合或者某单一因素在综合因素中的作用还需进一步研究。

利用当前的知识所得推论为蜂群衰竭失调是由蜂螨、蜜蜂病毒、蜜蜂微孢子虫和杀虫剂等多种因素共同引起的（如图1所示）。在寄生螨和病毒协同作用后，蜜蜂免疫力被严重降低并使蜜蜂健康水平下降。这种“综合征”可进一步加剧免疫抑制导致的负面影响，干扰NF-kB信号（如新烟碱类杀虫剂），或激活应激反应（例如营养缺乏或热应激），从而有利于病原体和寄生虫感染蜜蜂。两个或更多不利因素共同作用导致蜜蜂或蜂王死亡，最终造成蜂群衰退。因此，新烟碱类杀虫剂与多种因素的交互作用是蜂群健康下降并最终衰退的重要诱因，大量的病原体传播和寄生虫感染是蜜蜂死亡的直接诱因。寄生虫感染和农药的协同作用模式在熊蜂中也很明显，在许多野生昆虫和其他野生动物种群中也可能存在。

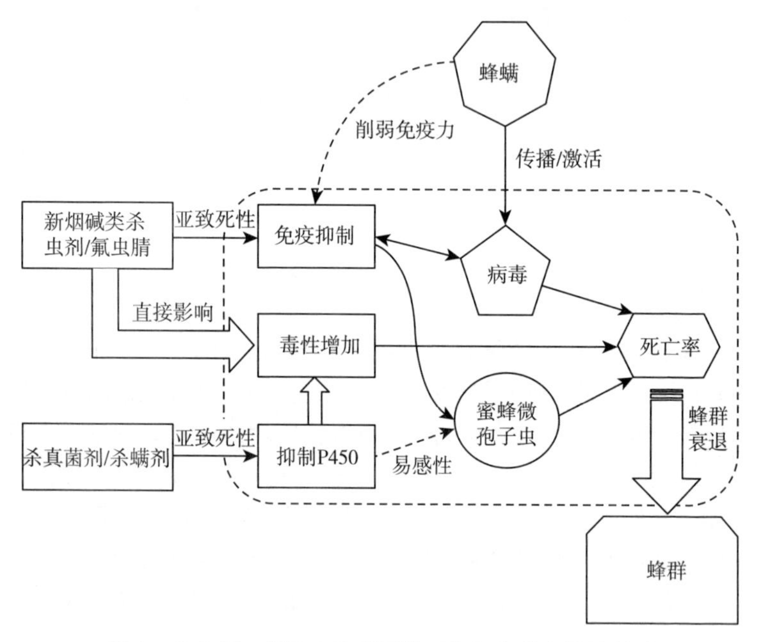

图1　杀虫剂、寄生虫和病原物互作与蜂群衰竭的联系

（改自 Francisco Sánchez-Bayo 等人的图片）

新烟碱类杀虫剂和其他农药（包括杀真菌制剂），能够使蜜蜂的抗病毒能力减弱。而我们能做的是呼吁人们避免使用影响蜜蜂免疫力的杀虫剂。目前，欧洲采取新烟碱类杀虫剂禁用措施，目的之一是给科学家以时间去研究该领域，并为长期禁用此类杀虫剂提供确凿的实验数据。

十二、关于北美洲蜂群衰退诱因的推测

（一）美国

近几十年来美国养蜂业在蜜蜂健康问题上遇到了较大的难题。蜜蜂病害从节肢类害虫（如武氏蜂盾螨、狄斯瓦螨和蜂巢小甲虫），再到传染性病原（如RNA病毒和蜜蜂微孢子虫）。据美国农业统计服务部门的报告显示，该国用于蜂蜜生产的人工养殖蜂群数量自1940年后呈逐年下降趋势。

美国蜂群衰竭失调的原因仍在调查之中，但在一般情况下蜂群衰竭失调的特征是相近的。虽然不能断定某种特定病原就是导致蜂群衰竭失调的唯一原因，但是以色列急性麻痹病毒还是在很多蜂群减少的案例中被检出。同样，蜜蜂微孢子虫在美国非常普遍，但是在蜂群衰竭失调中的地位并没有被完全认可。因此，很多种假说都存在可能性。多种猜想的诱因包括：①传统的蜜蜂害虫和病原体；②不当的蜜蜂饲养管理方法；③蜂王的基因多样性匮乏；④为控制蜂螨和病原体而使用的化学药物；⑤环境中存在的化学毒素；⑥蜂螨和病原体间的协同作用；⑦蜜蜂的营养匮乏；⑧未被发现和新发现的病虫害或者已存在的病原体毒素的增强；⑨两个或多个诱因存在潜在的协同作用。

在美国蜂群衰竭失调的影响十分严重，特别是考虑到授粉服务需求量的增加。对于美国农业来说，蜜蜂的价值远超140亿美元。事实上，美国大量作物产出都要依赖蜜蜂授粉，直接依赖蜜蜂授粉的作物，包括很多种类的水果、坚果、蔬菜等作物；还有

间接依赖蜜蜂授粉情况（如牛饲料），畜牧业中需要经蜜蜂授粉的三叶草和苜蓿等。因此，为了确定蜜蜂消失和CCD的根本原因，美国已经开始了大规模的研究工作，希望通过此措施来减缓蜜蜂的损失速度。

（二）加拿大

经调查，加拿大养蜂专家认为蜂群遭受损失有以下原因，且重要程度依次递减。

1. 未有效控制狄斯瓦螨 许多地区出现狄斯瓦螨对氟氰胺菊酯和蝇毒磷的抗药现象，而很多养蜂者没有意识到，在越冬时仍然使用上述药物，结果到次年春季时蜂群损失较大。有些则用双甲脒防治狄斯瓦螨，而2008年加拿大只有9月中旬才允许使用双甲脒，这时进行秋季治螨已经有些晚了。因此，狄斯瓦螨没能得到有效控制，而狄斯瓦螨能够激活或传播几种蜜蜂病毒。

2. 天气条件差 加拿大绝大部分地区冬季寒冷且漫长，春季气温偏低，这些都使得蜂群死亡率上升。2008年秋季，有些地区气温偏低，致使蜂群中使用的有机酸失效，从而加剧了蜂群的损失。对2009年春繁工作造成不利影响。

3. 对蜜蜂微孢子虫控制不利 许多养蜂者没有条件对蜜蜂微孢子虫（*N. apis*）和新传入的东方蜜蜂微孢子虫（*N. ceranae*）进行诊断。在冬季，如果对上述寄生虫不加以控制，那么蜂群的死亡率会大大提高。更严重的是，该国对东方蜜蜂微孢子虫（2007年在加拿大发现的）几乎缺乏有效防控措施；而2008年秋季和2009年春季，许多养蜂者仅用烟曲霉素B防治。

4. 蜂群饥饿 流蜜少、秋季饲喂不足、冬季时间延长和春季气温偏低等多种因素加剧了蜂群饥饿程度。

5. 蜂王缺失 由于蜜蜂微孢子虫的传播，导致加拿大多个省的蜂王缺失率或交替现象高于往年。虽然加拿大蜂群出现的情况与美国出现的CCD症状不完全一致，但加拿大科研人员正与美国CCD方面的专家进行深入研究，严密监控加拿大境内的蜂群情况。东方蜜蜂微孢子虫已经遍及加拿大，并与西方蜜蜂微孢子虫的比例相当；而在美国西方蜜蜂微孢子虫则很少。这两种蜜蜂微孢子虫可在同一群蜂中发现，尚不清楚东方蜜蜂微孢子虫对蜜蜂的影响情况。目前可以利用烟曲霉素防治东方蜜蜂微孢子虫。在加拿大烟曲霉素也是唯一被批准用于防治蜜蜂微孢子虫的药物。加拿大科研人员正进一步寻找造成蜂群损失的原因。

第四章 减缓蜂群衰退影响的举措

一、制定保护蜜蜂的政策措施

蜂群衰竭失调现象的影响涉及范围十分广泛。此外，蜂群衰竭失调潜在的影响，如杀虫剂，商业授粉和农业中生物多样性减少等，都已深入到我们社会活动当中。养蜂生产中的应对措施对于蜂群衰退的引发原因虽无明确和无争议的定论，但为避免蜂群进一步大范围骤减，仍需参考已有研究的结果做出应对措施。政府应该在公共健康的保障及关键授粉者的保护中发挥更重要的作用。

（一）蜜蜂福利的保障

在养蜂生产中应从蜜蜂病虫害防治、提高营养水平、重视劳逸结合、选育抗逆品种和远离有毒有害物等多方面综合考虑，其本质是提高蜜蜂福利。蜜蜂福利指蜜蜂在康乐的状态下生存，其标准是使蜜蜂无任何疾病，无行为异常，不受人和动物的威胁，无紧张、压抑的表现等。

根据已有经验并结合我国养蜂业实际可采取的措施包括：①适时防治螨害、两种蜜蜂微孢子虫和蜜蜂病毒病，优选绿色环保药物，切勿过量；②杀螨剂、蜜蜂微孢子和蜜蜂病毒病防治药物的使用应与附近农作物用药时间分隔开；③选育抗病和抗螨能力强的蜜蜂品种；④定期检查蜂箱，更换巢脾；⑤蜂群密度适当，培育强群；⑥如出现 CCD 群，与其接触的相关设备需封存，避免与健康群接触；⑦避免合并疑似 CCD 群和强群；⑧避免长途频繁转地放蜂；⑨饲料需营养丰富，种类多样。可在蜜源植物多样的场所放蜂，注意补充饲喂糖浆、花粉饼以及充足洁净的水源。

（二）一些国家的政策措施

1. 法国的政策措施　蜜蜂产业所涉及的领域和层面较广，需政府、科研单位、农药和兽药有关部门和企业、养蜂从业者以及其他相关领域通力合作。有价值的政策包括：限制使用杀虫剂，城市范围内的屋顶养蜂，为社区园艺投入更多的资金和技术支持，公共教育、科学研究等投入更多对商业养蜂人的支持。一些被蜂群衰竭失调现象所影响的国家已经开始使用公共教育计划、政策、进一步的研究的方法来应对这种混乱。

1994 年 7 月，法国养蜂人发现在向日葵盛开之后不久，蜂群开始衰竭。工蜂飞走了，就不再回来了，这也导致蜂王和蜜蜂幼虫的死亡。养蜂人也注意到了吡虫啉（商品名：GAUCHO）。在 1996—1999 年之间，向日葵蜂蜜的产量从 11 万 t 下降至 5 万 t；从 1995—2000 年，76％的法国蜂厂在冬季遭受了大量的蜜蜂失踪现象。法国养蜂人呼吁政府的救助，法国也开始进行该领域的全面研究。在 1999 年，法国禁止对向日葵使用吡虫啉，并且在 2003 年禁止对甜玉米使用该化学药物。

然而，即使在禁止投放药物的地方，依然存在着蜜蜂数量下降的情况。他们发现土壤中还残留有另一种杀虫剂——氟虫腈。氟虫腈是法国南部一种常用于葵花籽害虫防治的杀虫剂，并且实验表明该种类杀虫剂对蜜蜂的感觉、嗅觉和运动功能（与蜜蜂觅食行为密切相关）均有不利影响。在 2004 年，法国相关部门带头暂停了杀虫剂氟虫腈的使用，并且在 2005 年，养蜂人发现蜜蜂的数量在回升。蜜蜂数量的回升证明了吡虫啉和氟虫腈杀虫剂是导致法国蜂群衰竭失调的原因之一。法国的这种禁药令的提出为全世界的养蜂人和政府机关提供了一个宝贵的成功先例。为了防止蜂群衰竭失调的产生，需要创建有效的政策来限制对危害环境的有毒药物的使用。

2. 德国的政策措施 2008 年 5 月，德国的巴登—坞特姆波格地区有 2/3 的蜂群消失。科学家发现含有特殊药物噻虫胺的杀虫剂可能与此相关。这种药物是 2004 年由德国研制并注册专利的。在 2 周内，德国就宣布暂停多该种药物的生产授权。自法国和德国禁止噻虫胺、氟虫腈等药物的使用后，许多国家和地区也都纷纷效仿，其中就包括意大利、日本、英国和哥伦比亚。

3. 美国的政策措施

（1）纽约州 除了农药禁令，纽约政府还采取另一种策略来应对蜂群衰竭失调现象，包括增强养蜂人保护蜜蜂的意识。例如，在 2010 年的春天，纽约在全州范围内废除了禁止养殖蜜蜂的法案。之前实施该政策是由于在拥挤的城市中，养殖蜜蜂可能增加蜜蜂蜇人甚至危及生命的风险。通过制定允许城市蜜蜂养殖法案，养蜂人有能力向我们展示蜜蜂实际上并不危险，甚至对我们生活还有益处。纽约市养蜂协会会长安德鲁表示："蜜蜂实际上对水、花粉和花蜜更感兴趣，而蜜蜂对人有危害是对蜜蜂常识的一种扭曲认识。"城市养蜂在美国 89 个城市仍然是非法的，应该改变这种政策来促进人和蜜蜂间的互惠互利。

（2）俄勒冈州 继去年欧盟相关新烟碱类杀虫剂禁令颁布后，美国俄勒冈州也提出新烟碱类杀虫剂禁令的新法案，旨在保护该州的重要授粉昆虫，这也是美国第一个尝试禁用此类杀虫剂的州。俄勒冈州率先提出保护蜜蜂法案。该州尤金市刚刚成为美国第一个禁用吡虫啉的城市。该市相关部门禁止在所有城市花园和开阔地使用新烟碱类杀虫剂。该州州长签署"挽救俄勒冈州授粉昆虫"法案，法案声明授粉昆虫健康亟待关注，且两党均投赞成票。法案最后版本决定将新烟碱类杀虫剂归为限制类农药，即农药施用方法需限定，以保护蜜蜂和其他授粉昆虫。此议案最初得到支持主要起因于2013年夏天蜜蜂大量死亡事件，在为喷洒了杀虫剂的树木授粉时近5万只蜜蜂死亡。俄勒冈州相关部门和组织决定采取上述保护蜜蜂的短期措施，直到联邦政府对新烟碱类杀虫剂进行全面评估。随后一项联邦议案花费了300万美元用于支付中西部农民改种蜜蜂喜好的作物的费用，比如三叶草和紫花苜蓿，并修改畜牧规章以利于在牧场中种植蜜蜂喜好的植物。

2014年3月末，美国科罗拉多州西部部分蜂群第一批新蜂即将出房，不久后，桃、杏和樱桃树将开花；该地区农业经济的支柱为坚果类作物，蜜蜂将会在东部地区开始授粉。当地农民也种植其他作物，包括胡椒、洋葱、南瓜、草莓和豌豆等，这些均依赖蜜蜂授粉；每年该国蜜蜂授粉产值达150亿美元，但由于CCD的缘故，蜜蜂数量急剧下降。科学家推测CCD诱因包括寄生螨、真菌剂和其他蜜蜂病害；另外，30余篇报道指出蜂巢含有的毒物和新烟碱类杀虫剂与蜜蜂死亡有关。春季时蜂箱由卡车运至加利福尼亚州和其他州进行作物授粉（包括杏和苹果）；夏季时美国2/3商业蜂农（共约3万蜂农）会带其蜂群到密歇根州、明尼苏达州、威斯康星州等地进行饲喂和繁殖建群，为越冬准备；而这些地区的玉米和黄豆代替了三叶草和其他作物，蜜蜂能采到的花蜜和花粉愈来愈少。

据报道，蜜蜂病害也可能影响野生熊蜂。2014年2月《科学》杂志报道蜜蜂病原传播可能影响野外其他授粉昆虫。科研人员对蜜蜂危害较大的两大病原物——残翅病毒和东方蜜蜂微孢子虫进行研究，这两种病原也被认为是北美洲和欧洲蜂群衰竭的主要原因。另外，报道指出11％的供试熊蜂感染残翅病毒，而7％感染蜜蜂微孢子虫，并且染病熊蜂寿命为健康的1/3；与此相比，蜜蜂感染率分别为35％和9％。

（三）适合我国的政策措施

结合我国养蜂业现状和我国国情可采取的相关措施包括：①政府和科研机构可成立专门组织，及早提出预警措施，制订应急方案；负责全国蜂群情况信息的收集和整理，蜂农饲养技术的培训；②规范农药市场准入的相关政策法规，重视对非靶标生物——蜜蜂等昆虫的安全性评价；③增加科研投入，建立快速有效的蜜蜂病原微生物、杀虫剂和其他应激因子的检测方法，也可借鉴国际上的方法，如普及病原快速检测试剂盒、基因芯片法和RNA 干扰（RNAi）技术防治蜂螨等；④推出针对蜂群损失的商业保险，为突发损失提供一定的保障；⑤政府可依据蜂群损失的严重程度给予一定的补贴；⑥进出口检疫部门可对引进的蜂种和蜂产品加大蜜蜂传染性病害的检疫力度。

（四）其他的建议和策略

（1）呼吁国家加强研究该问题的资金投入。除了收集养殖蜜蜂的信息，还需同时研究野生蜜蜂。野生蜜蜂对于植物授粉十分重要，并且比养殖的蜜蜂拥有更多技能，但是也出现了大面积的消失现象。随着蜜蜂数量的逐渐减少，急需研究蜜蜂在农业系统和生态环境中的健康程度。这些信息对研究者意义重大，并且需要相关部门的政策和经费支持。

（2）对于相关政府部门科研组织开展维护农业可持续形式的活动同样重要，培养保护蜜蜂的意识，帮助扭转蜂群衰竭失调。比如，米歇尔·奥巴马曾发表声明，她宣布白宫将计划种植有机菜园来促进健康的生活和应对全国范围的肥胖问题。这个菜园还包括一个蜂群，这有助于作物的授粉工作和开展教育工作。花园种植和蜜蜂养殖都是可以让公众更好地了解蜜蜂的重要性和在我们生活中直接展示授粉过程。通过与蜜蜂的直接接触，人们能够更好地了解蜂群衰竭并且做出明智的政策决定。

（3）生活在城市的人多数没有花园或者空间来养殖蜜蜂，但可选择在屋顶养殖。美国政策已经出台，允许人们在公寓和大楼屋顶上养殖蜜蜂，蜂蜜由专业养蜂人收集。芝加哥市长理查德·戴利把蜜蜂养在市政厅楼上，每年能收获约90kg蜂蜜。芝加哥市的蜜蜂项目工程将蜜蜂养殖很好的融入城市生活。城市蜂群计划可以促进人们对于蜜蜂的认识，并且蜂与人互惠互利。

（4）宣传教育也是缓解蜂群衰竭失调的重要方法。依托大学、研究机构和社区都可以发挥巨大的作用。向人们宣传有关产生蜜蜂消失的诱因，告诉他们如何预防这种情况的发生。可以拍摄相关视频或微电影，展示导致蜜蜂消失的原因。有些农药已被证明会危害蜜蜂，因而除了教育方式之外，还可争取相关机构承诺减少农药的用量。通过基层组织自发的去改变，社区的改变可以影响民选官员的决策，并且鼓励相关部门出台一些行之有效的政策措施保护蜜蜂。

二、展　　望

在过去的几年内，蜂群衰竭失调现象导致30%的蜜蜂消失，另外，蝙蝠、蜂鸟和蝴蝶也在逐渐减少，这促使生态学家开始关注授粉者。虽然研究人员提出了许多蜂群衰竭失调诱因的猜想，包括栖息地破坏和气候改变的影响。

栖息地的破坏可能不是导致蜂群衰竭失调的直接原因，但是开放性觅食空间的破坏正在使授粉者面临困境。由于农业过度开发，授粉者很多栖息地遭到分隔与破坏。蜜蜂所依赖蜜粉源植物物种和数量也逐渐较少。当授粉者数量很低时，依赖授粉的植物的繁殖和健康生长将会受到波及。此外，由于授粉者的数量减少，植物种子和果实产量下降，这也将影响所有以这些植物果实和种子为食的物种。

人们放弃以往依靠蜜蜂自身免疫能力对抗蜜蜂病害的做法，

而是更多的依赖蜂药，并且由于农药的大量使用，有机养蜂已经不太可能了。蜜蜂的工作能力正在被削弱，并且被复杂环境中的各种因素所困扰。蜜蜂这种社会型动物已经为地球这个生态系统工作了数百万年，可以预见，人类社会的节奏变得越快，蜜蜂为我们做的工作越多，它们的衰竭失调现象将会越严重。尽管导致蜂群消失的原因还需要不断深入研究，但是目前蜂群病害的增加、农药的滥用和现代养蜂业只关注利润而不顾蜜蜂健康的观念仍需受到关注。

图书在版编目（CIP）数据

蜂群衰退原因及防控 / 吴艳艳，刁青云主编 . —北京：中国农业出版社，2018. 6
ISBN 978-7-109-23938-8

Ⅰ. ①蜂…　Ⅱ. ①吴…　②刁…　Ⅲ. ①蜂群—机能减退—研究　Ⅳ. ①S89

中国版本图书馆 CIP 数据核字（2018）第 036855 号

中国农业出版社出版
（北京市朝阳区麦子店街 18 号楼）
（邮政编码 100125）
责任编辑　黄　宇
文字编辑　赵　硕

中国农业出版社印刷厂印刷　　新华书店北京发行所发行
2018 年 6 月第 1 版　　2018 年 6 月北京第 1 次印刷

开本：850mm×1168mm　1/32　　印张：3. 125
字数：100 千字
定价：30. 00 元